轻松搞定
家装强电施工

QINGSONG GAODING
JIAZHUANG QIANGDIAN SHIGONG

阳鸿钧 等 编著

U0340909

中国电力出版社
CHINA ELECTRIC POWER PRESS

内 容 提 要

如何快速地学习和掌握一门技能？有重点地、身临其境地学习实践性知识是最有效的。本书以全彩图文精讲方式介绍了家装强电施工所需的基础知识、必备技能、施工技巧和实战心得，帮助读者打下扎实的理论基础，掌握现场施工技巧和细节，培养灵活应用的变通能力。

全书共分4章，分别从强电基础一点通、工具电器全掌握、强电施工安装技能速精通、上岗技能快上手等进行了讲述，让读者轻轻松松搞定实用的家装强电施工技能。

本书适合装饰装修水电工、建筑水电工、物业水电工、家装工程监理人员及广大业主阅读参考，还可作为职业院校的教材和参考读物。

图书在版编目（CIP）数据

轻松搞定家装强电施工/阳鸿钧等编著.— 北京：中国电力出版社，2017.5
ISBN 978-7-5123-9795-8

Ⅰ.①轻… Ⅱ.①阳… Ⅲ.①住宅-室内装修-电气施工 Ⅳ.①TU85

中国版本图书馆CIP数据核字（2016）第 226845 号

出版发行：中国电力出版社
地　　址：北京市东城区北京站西街 19 号（邮政编码 100005）
网　　址：http://www.cepp.sgcc.com.cn
责任编辑：莫冰莹（iceymo@sina.com）
责任校对：朱丽芳
装帧设计：王英磊　赵姗姗
责任印制：蔺义舟

印　　刷：北京博图彩色印刷有限公司
版　　次：2017 年 5 月第一版
印　　次：2017 年 5 月北京第一次印刷
开　　本：880 毫米 × 1230 毫米　32 开本
印　　张：8.375
字　　数：307 千字
印　　数：0001-3000 册
定　　价：49.00 元

版权专有　侵权必究

本书如有印装质量问题，我社发行部负责退换

第 1 章

强电基础一点通

▶ 1.1 ⚙ 电与电路

电是可以通过化学或物理方法获得的一种能，其可以使灯发光等。电有直流电与交流电之分，其对应的电路有直流电路与交流电路之分。

直流电路就是直流电流通过的途径，其主要由电源、负载、连接导线、开关等组成（见图 1-1）。负载可以是电器、灯具等。电源就是能将其他形式的能量转换成电能的设备。

直流电路外电路包括负载、导线、开关，内电路就是电源内部的一段电路。

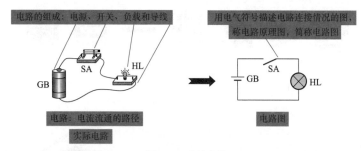

图 1-1　直流电路

直流电路中的电流方向是不变的，电流的大小是可以改变的。一些电器中用的电子线路就是直流电路。

交流电路就是交流电流通过的途径。交流电是指其电动势、电压、电流的大小与方向均随时间按一定规律作周期性变化的电。

家庭用的市电就是交流电，也就是民用电。家庭用的市电从电力系统经过发电、输电、变电、配电等环节引入到家庭用户终端，我国市电交流电电压为220V。家庭用的市电电路由电线、灯具、开关、插座、电器等组成。

家庭使用的一些设备需要的直流电，除了采用干电池、蓄电池外，还可以通过整流电路（或者整流器）把家庭交流市电转换成直流电。

各地区民用电电压与频率见表 1-1。

表 1-1　　　　　　　　各地区民用电电压与频率

国（地区）名		电 压	频 率
中文	英文	（V）	（Hz）
加拿大	Canada	120	60
美国	United States	120	60
墨西哥	Mexico	127	60

续表

国（地区）名		电 压	频 率
中文	英文	（V）	（Hz）
荷兰	Netherlands	230	50
阿根廷	Argentina	220	50
巴西	Brazil	110/220	60
智利	Chile	220	50
哥伦比亚	Columbia	110	60
厄瓜多尔	Ecuador	120–127	60
委内瑞拉	Venezuela	120	60
甘比亚	Gambia	230	50
加纳	Ghana	230	50
几内亚	Guinea	220	50
肯亚	Kenya	240	50
南非	South Africa	220/230*	50
苏丹	Sudan	230	50
乌干达	Uganda	240	50
中非共和国	Center African Republic	220	50
刚果	Congo	230	50
埃及	Egypt	220	50
埃塞俄比亚	Ethiopia	220	50
澳大利亚	Australia	230*	50
苏格兰	New Caledonia	220	50
新西兰	New Zealand	230	50
巴布新几内亚	Papua New Guinea	240	50
奥地利	Austria	230	50
比利时	Belgium	230	50
保加利亚	Bulgaria	230	50
捷克斯洛伐克	Czechoslovakia	230	50
丹麦	Denmark	230	50
芬兰	Finland	230	50
法国	France	230	50
德国	Germany	230	50
希腊	Greece	220	50
格陵兰	Greenland	220	50

续表

国（地区）名		电压（V）	频率（Hz）
中文	英文		
匈牙利	Hungary	230	50
冰岛	Iceland	220	50
曼岛	Isle of Mun	230	50
意大利	Italy	230	50
卢森堡	Luxembourg	220	50
马而他	Malta	240	50
摩纳哥	Monaco	127/220	50
荷兰	Netherlands	230	50
挪威	Norway	230	50
波兰	Poland	230	50
葡萄牙	Portugal	220	50
罗马尼亚	Romania	230	50
西班牙	Spain	230	50
瑞典	Sweden	230	50
瑞士	Switzerland	230	50
英国	England	230	50
南斯拉夫	Yugoslavia	220	50
阿富汗	Afghanistan	220	50
巴林	Bahrain	230*	50*
塞浦路斯	Cyprus	240	50
伊朗	Iran	230	50
伊拉克	Iraq	230	50
约旦	Jordan	230	50
科威特	Kuwait	240	50
黎巴嫩	Lebanon	230	50
阿曼	Oman	240	50
巴基斯坦	Pakistan	230	50
卡塔尔	Qatar	240	50
沙特阿拉伯	Kingdom of Saudi Arabia	127/220	60
叙利亚	Syria	220	50
土耳其	Turkey	230	50
阿拉伯	United	220	50

续表

国（地区）名		电 压	频 率
中文	英文	（V）	（Hz）
也门	Yemen	220/230	50
孟加拉	Bengal	220	50
文莱	Brunei	240	50
高棉	Cambodia	230	50
中国	China	220	50
中国香港	Hong Kong	220	50
印度	India	240	50
印尼	Indonesia	127/230	50
日本	Japan	110	50/60
朝鲜	Korea（North）	220	50
韩国	Korea（South）	220	60
老挝	Laos	230	50
中国澳门	Macao	220	50
马来西亚	Malaysia	240*	50
尼泊尔	Nepal	230	50
菲律宾	Philippines	220	60
新加坡	Singapore	230	50
斯里兰卡	Sri Lanka	230	50
中国台湾	Taiwan	110	60
泰国	Thailand	220	50
俄罗斯	Russian	220	50
越南	Vietnam	220*	50

* 有的地区市电电压经常都会在一定范围内波动，尤其是在一些欠发达地区。另外，一些地区正从 220V 标准转向欧标的 230V 标准。

▶ 1.2 电流

　　直流电路中经过的是直流电，交流电路经过的是交流电。电流是导体中的自由电子在电场力的作用下作有规则的定向运动而形成的（见图 1-2）。形成电流具备的三大条件：一是有电位差；二是电路一定要闭合；三是有自由电子的导体。铜是导体，存在自由电子，具有导电性好、损耗小等特点，因此家装强电电线一般采用铜线。

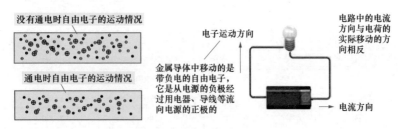

图 1-2　电流的形成

　　直流电流又称恒定电流，其大小与方向不随时间的变化而变化（见图1-3）。交流电流的大小与方向随时间的变化而变化。家庭用的市电电流就是交流电流，也就是说家庭用的市电电流的大小与方向随时间的变化而变化，只是人不能够直接感觉出。

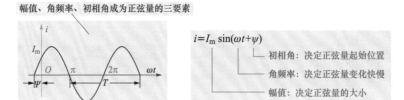

图 1-3　交流电流

　　直流电流、交流电流的大小均用电流强度来表示，基数值等于单位时间内通过导体截面的电荷量。电流强度（用字母 I 表示）的单位是安或者安培，用字母 A 表示。电流常用单位有千安（kA）、安（A）、毫安（mA）、微安（μA），它们间的关系如下

$$1kA=10^3A \qquad 1A=10^3mA \qquad 1mA=10^3\mu A$$

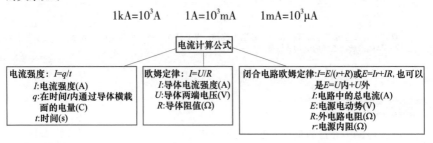

1.3 电压

　　物体带电后具有一定的电位，在电路中任意两点间的电位差，称为该两点的电压。电压的方向是由高电位指向低电位，并且电位随参考点不同而改变。

　　大小与方向均不随时间变化的电压称为直流电压，干电池、蓄电池提供的电压为直流电压。电压的大小与方向都随时间改变的电称为交流电，例如 220V 的民用电、380V 的动力用电就是交流电。

　　交流电压可以经过降压、整流、滤波成直流电压（见图 1-4）。

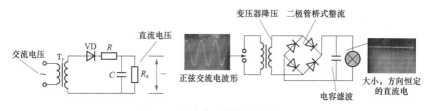

图 1-4　交流电压转换成直流电压

　　电压的单位是伏特，用字母 U 表示，常用的单位有千伏（kV）、伏（V）、毫伏（mV）、微伏（μV）。它们之间的关系如下

$$1\text{kV}=10^3\text{V} \qquad 1\text{V}=10^3\text{mV} \qquad 1\text{mV}=10^3\mu\text{V}$$

1.4　电阻

　　自由电子在物体中移动受到其他电子的阻碍，对于该种导电所表现的能力就称为电阻。

　　电阻的单位是欧姆，简称欧，用字母 Ω 表示。

　　电流在电线内流动所受的阻力也称为电阻（见图 1-5）。

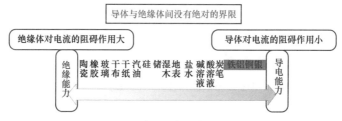

图 1-5　电阻对电流的阻碍作用

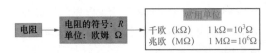

▶ 1.5 ░ 欧姆定律

欧姆定律是表示电压、电流、电阻三者关系的基本定律。部分电路欧姆定律为：电路中通过电阻的电流，与电阻两端所加的电压成正比，与电阻成反比。

全电路欧姆定律是指在闭合电路中（包括电源），电路中的电流与电源的电动势成正比，与电路中负载电阻及电源内阻之和成反比（见图1-6）。

欧姆定律适应直流电压、直流电流、电阻间的关系，也适应交流电压、交流电流、电阻间的关系。

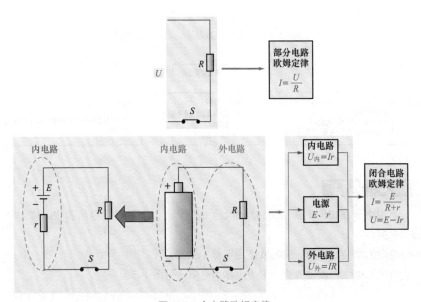

图1-6 全电路欧姆定律

▶ 1.6 ░ 电阻串联电路

电阻的串联就是将电阻首尾依次相连，电流只有一条通路的连接方法，图例如图1-7所示。

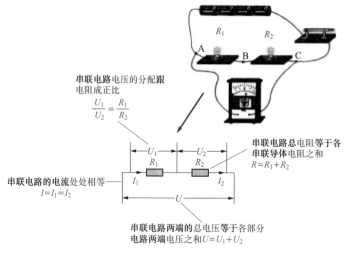

串联电路电压的分配跟
电阻成正比
$$\frac{U_1}{U_2} = \frac{R_1}{R_2}$$

串联电路总电阻等于各
串联导体电阻之和
$R = R_1 + R_2$

串联电路的电流处处相等
$I = I_1 = I_2$

串联电路两端的总电压等于各部分
电路两端电压之和 $U = U_1 + U_2$

图 1-7　电阻的串联

电阻串联电路的特点：

电流与总电流相等，即 $I = I_1 = I_2 = I_3 \cdots$。

总电压等于各电阻上电压之和，即 $U = U_1 + U_2 + U_3 \cdots$。

总电阻等于负载电阻之和，即 $R = R_1 + R_2 + R_3 \cdots$。

各电阻上电压降之比等于其电阻比。

电阻的串联实物图如图 1-8 所示。

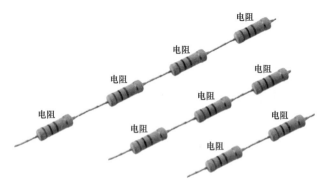

图 1-8　电阻的串联实物图

▶ 1.7 电源串联电路

电源串联电路就是将前一个电源的负极与后一个电源的正极依次连接起来（见图 1-9）。电源串联电路可以获得较大的电压与电源。

电源串联电路的特点如下：

总电压等于各电源上电压之和，即 $E=E_1+E_2+E_3+\cdots+E_n$。

总电压内电阻等于各电源内电阻之和，即 $r_0=r_{01}+r_{02}+r_{03}+\cdots+r_{0n}$。

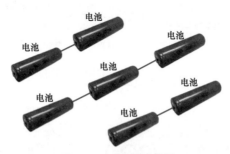

图 1-9　电源串联实物图

▶ 1.8 其他串联电路

如果把电阻串联电路中的电阻换成具体的灯、插座、电器，则就成了照明灯串联电路（见图 1-10）、插座串联电路、电器串联电路。另外，不同电器之间也可以组成串联电路关系。

家居用电中，如果想在一个回路中，开关控制所有灯，则可以使用串联电路关系（见图 1-11）。另外，需要注意在串联电路中，用电器的电阻越大，则用电器两端的电压越大。

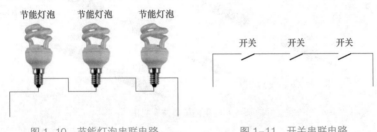

图 1-10　节能灯泡串联电路　　　　　图 1-11　开关串联电路

1.9 电阻的并联电路

电阻的并联电路就是将电路中若干个电阻并列连接起来的接法，如图 1–12 所示。电阻并联电路的一些特点如下：

各电阻两端的电压均相等，即 $U_1=U_2=U_3=\cdots=U_n$。

电路的总电流等于电路中各支路电流之总和，即 $I=I_1+I_2+I_3+\cdots+I_n$。

电路总电阻 R 的倒数等于各支路电阻倒数之和，即并联负载越多，总电阻越小，供应电流越大，负荷越重。

通过各支路的电流与各自电阻成反比。

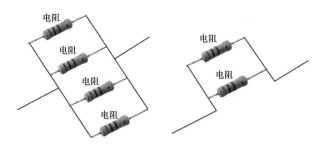

图 1–12 电阻的并联电路

1.10 电源的并联电路

电源的并联电路就是把所有电源的正极连接起来作为电源的正极，把所有电源的负极连接起来作为电源的负极，然后接到电路中（见图 1–13）。

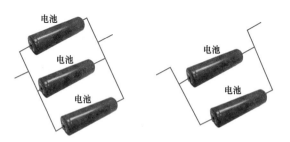

图 1–13 电源的并联电路

并联电源的条件：一是电源的电势相等；二是每个电源的内电阻相同。并联电源的显著特点就是能够获得较大的电流，即外电路的电流等于流过各电源的电流之和。

1.11 其他并联电路

如果把电阻并联电路中的电阻换成具体的灯、插座、电器，则就成了照明灯并联电路、插座并联电路、电器并联电路。另外，不同电器之间也可以组成并联电路关系。家居用电中，如果想在一个回路中，灯之间不受影响，则可以使用并联电路关系（见图1-14）。

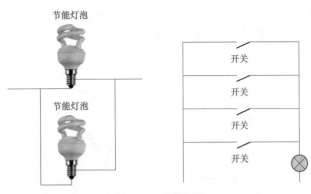

图 1-14 并联电路

1.12 混联电路

混联电路就是电路中既有电器元件的串联又有电器元件的并联，因此，混联电路是由串联电路和并联电路组合在一起的特殊电路（见图1-15）。混联电路可以单独使某个用电器工作或不工作。混联电路的主要特征就是串联分压，并联分流。

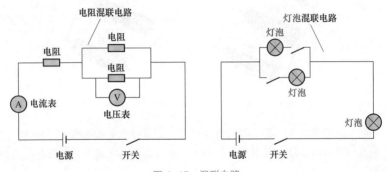

图 1-15 混联电路

混联电路的缺点：如果干路上有一个用电器损坏或断路会导致整个电路无效。

混联电路的计算方法（见图 1-16）：

（1）总电阻值。先求出各元件串联、并联的电阻值，再计算电路的总电阻值。

（2）总电流。由电路总电阻值与电路的端电压，根据欧姆定律计算出电路的总电流。

（3）各部分的电流与电压。根据元件串联的分压关系和元件并联的分流关系，可以逐步推算出各部分的电流与电压。

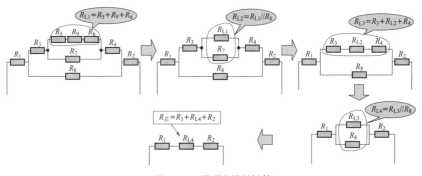

图 1-16　混联电路的计算

▶ 1.13 电功与电功率

电流所做的功称为电功，也就是电流将电能转换成其他形式能量的过程。电功用符号 W 或 A 表示。电功的大小与电路中的电流、电压、通电时间成正比。电功的计算公式为 $W = UIt = I^2Rt$。根据电功的计算公式可以知道，如果加在用电器上的电压越高、通过的电流越大、通电时间越长，则电流做功就越多。

电流不仅通过电动机时做功，通过电灯、电炉等用电器时也要做功。例如，电流通过电炉时发热，电能转化为内能。电流通过电灯时，灯丝灼热发光，电能转化为内能与光能。电流给蓄电池充电的过程是将电能转化为化学能。

几种常见物体的电功：

（1）通过手电筒灯泡的电流，每秒所做功大约是 1J。

（2）通过普通电灯泡的电流，每秒做功一般是几十焦。

（3）通过洗衣机中电动机的电流，每秒做功是 200J 左右。

电功与电能量的单位名称是焦耳，用符号 J 表示。

在相同时间内，电流通过不同用电器所做的功，一般不相同。为了表示电流做功的快慢，引入了电功率的概念。电功率也就是电流在单位时间内所做的功。电功率用 P 来表示，其相关计算公式如下

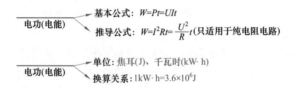

式中：W 为电功；t 为时间；U 为电压；I 为电流。电压 U 的单位为伏特，电流 I 的单位为安培，电功率 P 的单位为瓦特，简称瓦，符号为 W。

电灯泡常标明的功率（瓦数）有：15W、25W、40W、60W、100W 等。

电功率的单位还有千瓦、毫瓦，符号分别是 kW、mW。另外，还有马力单位。它们之间的关系为

$$1kW=1000W \qquad 1W=1000mW$$
$$1 \text{ 马力} =736W \qquad 1kW=1.36 \text{ 马力}$$

电动机的功率常用千瓦来表示。

把公式 $P=W/t$ 变形得到 $W=Pt$，从此可以定义电功率为千瓦时，即电流在 1h 内所做的功，就是 1 丁瓦时，千瓦时用符号 kWh 表示

$$1kWh=1000W \times 3600s=3.6 \times 10^6 J$$

用电器实际消耗的功率随着加在它两端的电压而改变，因此，不泛泛说一个用电器的功率是多大，而是需要指明电压。用电器正常工作时的电压称为额定电压，用电器在额定电压下的功率称为额定功率。

使用各种用电器一定要注意它的额定电压，只有在额定电压下用电器才能正常工作。如果实际电压偏低，则电器消耗的功率低，不能够正常工作。如果实际电压偏高，长期使用会影响用电器的寿命，甚至可能会烧坏用电器。

家用电器一般额定电压是交流 220V，只有符合交流 220V 市电额定电压的电器才能够直接与市电连接，否则需要转换器。

家用电器铭牌如图 1-17 所示。

图 1-17　家用电器铭牌

平时所说的用电设备消耗了多少电能，或说用了多少千瓦时电，这就涉及电能、电功率。电能就是电流所做的功，即功 = 功率 × 时间，用符号表示为

$$W=Pt$$

式中 W——电能，kWh；

P——功率，kW；

t——时间，h。

电能的单位为度，1 度电等于 1kWh 电，也就是 1kW 功率的用电设备，工作 1h，所消耗的电能为 1 度。

实例：一业主家有 20 盏灯，均为 60W 灯泡照明，平均每天用电 4h，则该户人家每月用多少度电？

根据 $W=Pt$

月用电时间为：$4 \times 30=120$h

灯泡功率：$20 \times 60=1200$W$=1.2$kW

一个月的用电度数为：$W=Pt=1.2 \times 120=144$（kWh）

家居中除了灯需要消耗电能外，家用电器也要消耗电能，尤其是一些具有待机功能的电器以及一些指示灯，尽管没意识到在使用，但也消耗电能。

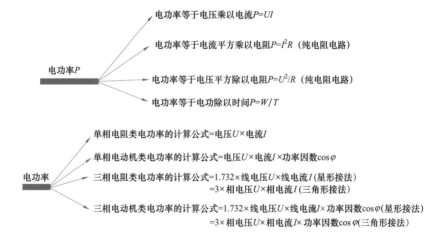

电功率 P
- 电功率等于电压乘以电流 $P=UI$
- 电功率等于电流平方乘以电阻 $P=I^2R$（纯电阻电路）
- 电功率等于电压平方除以电阻 $P=U^2/R$（纯电阻电路）
- 电功率等于电功除以时间 $P=W/T$

电功率
- 单相电阻类电功率的计算公式=电压 U×电流 I
- 单相电动机类电功率的计算公式=电压 U×电流 I×功率因数 $\cos\varphi$
- 三相电阻类电功率的计算公式=1.732×线电压 U×线电流 I（星形接法） =3×相电压 U×相电流 I（三角形接法）
- 三相电动机类电功率的计算公式=1.732×线电压 U×线电流 I×功率因数 $\cos\varphi$（星形接法） =3×相电压 U×相电流 I×功率因数 $\cos\varphi$（三角形接法）

▶ 1.14 ▏电流的热效应

电流通过导体时，由于自由电子的碰撞，电能会不断的转变为热能。这就是电流通过导体时会发生热的现象，即电流的热效应。

当电线导体生热达到一定温度时，电线绝缘层会出现发烫、冒烟等异常现象，如图 1-18 所示。

电流的热效应电热公式为：电热 = 电流的平方 × 电阻 × 通电时间。根据该公式可以知道，选择电线时，电线允许通过的电流是选择的重要参数。

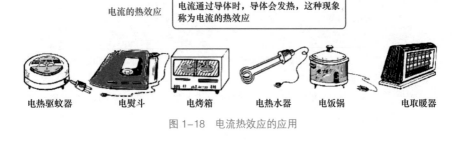

图 1-18　电流热效应的应用

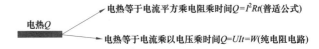

1.15　交流电与正弦交流电

交流电的种类很多，以正弦交流电最为常见，波形图见图 1-19。

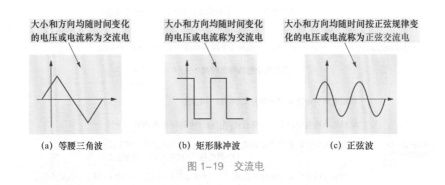

图 1-19　交流电

家用电源的电压大小、方向是按正弦规律变化，也就是正弦交流电。

正弦交流电的特点如图 1-20 所示。

万用表等一些测量仪表检测的交流电流、交流电压都是有效值。平时讲的家用电 220V 也是指有效值，而其最大数值为 220×1.414=311V。另外，平时讲的家用电的频率是 50Hz，也就是说 1s 有 50 次在最高峰。人的肉眼不能够看到瞬时的峰值。电器产品上所表示的电压值、电流值一般也是有效值。因此，电气设备的耐压、耐流要大于家用电 220V 的最大值 311V，才能够接入市电中使用。

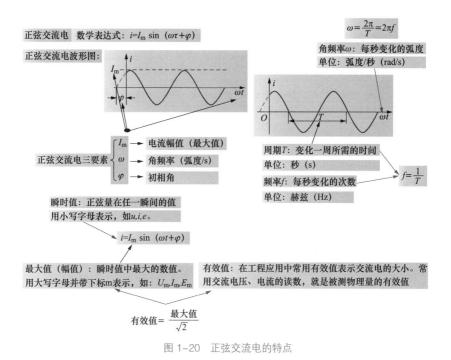

图 1-20　正弦交流电的特点

1.16 单相交流电

　　家用电（家装强电）是单相电，家用电路是单相交流电路（见图 1-21）。单相交流电是电路中只具有单一的交流电压，在电路中产生的电流、电压都以一定频率随时间变化的交流电。

图 1-21　单相交流电路

　　单相交流发电机只有一个线圈在磁场中运动旋转，因此电路里只能产生一个交变电动势。

　　单相正弦交流电一般由相线与中性线供用电终端连接。单相正弦交流电是按周期改变电流方向，相线是按正弦周期变化的。中性线对地电压始终是相同的，也就是为 0。接用电器后中性线也有电流,且电流变化是有规律的（见图 1-22）。

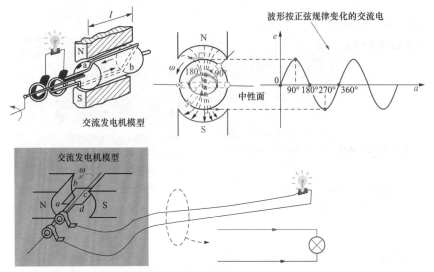

图 1-22 单相正弦交流电

发电厂和配电网生产、输送与分配的交流电都是三相交流电。从发电厂输出三相交流电后，先通过变压器升压，再经母线引出三相输电线路到变电站的母线，然后通过降压变压器把高压降为低压，引出中性线变成三相四线制，供给民用。三相四线制四线即三根相线和一根零线（如果该回路电源侧的中性点接地，则零线称为中性线）。家庭用的 220V 电源就是取自三相中任意一相与系统零线之间的电压。

家庭用电举例如图 1-23 所示。

图 1-23 家庭用电举例

1.17 三相交流电

发电机中三个互成角度的线圈同时转动，电路里就产生三个相位依次互差120°的交变电动势。三相交流电每一单相称为一相，它们是频率相同、幅值相同、相位不同的三个单相交流电，被总称为三相交流电。

三相交流电具有转速相同、电动势相同、线圈形状相同、线圈匝数相同、电动势的最大值（有效值）相等的特点，如图 1-24 所示。

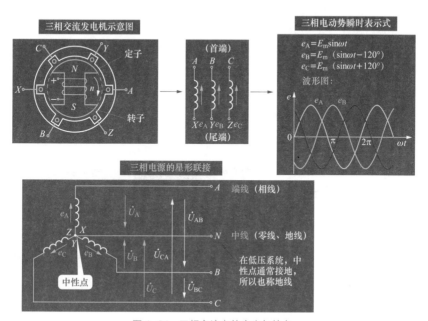

图 1-24　三相交流电的产生与特点

采用三相制的电力系统中，作为三相电源的三相交流发电机的 3 个绕组不是单独供电的，而是按照一定方式连接起来，形成一个整体。三相电源的连接有星形（Y）接法与三角形（△）接法，它们引出的电线类型如图 1-25 所示。

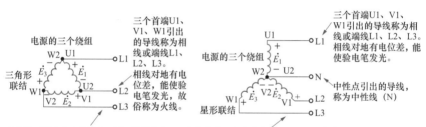

图 1-25　三相制电力系统引出电线类型

线电压就是端线间的电压，即相线与相线间的电压。

线电流就是端线或相线中的电流。

相电压就是电源每一相（端线与零线间）的电压。

相电流就是各相电源中的电流，即流过每一相线圈的电流。

三相电源就是以三相发电机作为的电源。

三相电路就是以三相电源供电的电路。

平时看到公路边电线杆上的 4 根平行的电线就是三相四线制，也就是三根相线一根零线（见图 1-26）。三相五线制供电系统就是指三根相线、一根零线、一根地线。三相交流电的用途很多，工业中大部分的交流用电设备，例如三相电动机等都采用三相交流电。

图 1-26　三相四线

因家用照明一般采用单相电源，所以单相电源也称为照明电。当采用照明电供电时，使用三相电其中的一相对用电设备供电，例如家用电器。另外一根线是三相四线中的第四根线零线，该零线是从三相电的中性点引出的。也就是家里用电 220V 是端线与零线间的相电压。动力电 380V 是端线与端线间的线电压。

民用建筑动力用电就是常说的 380V 电，是三相四线中三根相线任意 2 根间的电压。家用电是指平时说的 220V 单相电，也就是一根相线与一根零线间的电压。

动力电与家用电的零线虽然在发电厂都是接地的，而平时说的地线与零线不是同一个概念。

▶ 1.18 ▏ 电力系统概述

需要了解装修场地电的引入与来源，就要了解电力系统。电力系统是由发电、输电、变电、配电、用电等环节组成的电能生产与消费系统（见图 1-27）。它的功能是将自然界的一次能源通过发电动力装置转化成电能，再经过输电、变电、配电将电能供应到各用户。其中，各用户包括居民家庭用电、商店用电、工厂用电、电梯等设施用电等。

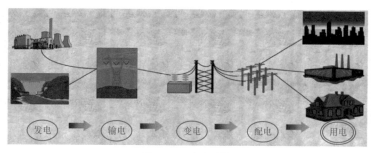

图 1-27　电力系统

电力网就是由变压器、电力线路等变换、输送、分配电能的设备所组成电力系统的一部分（见图 1-28）。电力网根据电压等级可以分为：

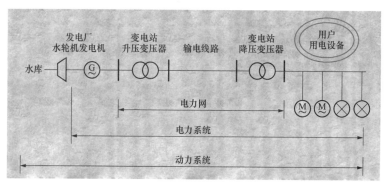

图 1-28　电力网与电力系统、动力系统的关系

低压电网：电压等级在 1kV 以下。

中压电网：电压等级在 1 ~ 10kV。

高压电网：电压等级在高于 10kV、低于 330kV。

超高压电网：电压等级在低于 750kV。

特高压电网：电压等级在 1000kV 及以上

1.19　电力系统与动力系统

电力系统就是由发电厂中的电气部分、各类变电站、输电 / 配电线路、各种类型的用电设备组成的统一体（见图 1-29）。具体一些组成部分的作用如下：

发电厂——主要生产电能。

电力网——主要变换电压、传送电能。其主要由变电站与电力线路组成。

配电系统——主要将系统的电能传输给电力用户。

用电设备——主要消耗电能。

图 1-29　民用建筑小区与变电设施

电力用户——高压用户额定电压一般在 1kV 以上，低压用户额定电压一般在 1kV 以下。

动力系统就是在电力系统的基础上，把发电厂的动力部分（例如水力发电厂的水库 / 水轮机、核动力发电厂的反应堆等）包含在内的系统。

通常将发电厂电能送到负荷中心的线路称为输电线路。负荷中心到各用户的线路称为配电线路。负荷中心一般设变电站。

电力系统中的动力系统与物业建筑中的动力系统是不同的。物业建筑中的动力系统主要是针对照明系统而言的以电动机为动力的设备以及相应的电气控制线路、设备。高层建筑常见的动力设备有电梯、水泵、风机、空调电力等。

物业建筑中的动力受电设备一般需要对称的 380V 三相交流电源供电。使用对称的 380V 三相交流电源供的动力受电设备一般不需要中性线。

▶ 1.20 ▨ 变电站与输电线路的种类

变电站就是根据其在电力系统中的地位分为枢纽变电站、中间变电站、地区变电站、终端电站等。

输电线路的种类包括架空线路与电力电缆。架空线路一般由导线、避雷线、杆塔、绝缘子、金具等组成。电力电缆主要包括导体、绝缘层、保护层等。

对于装修水电工主要涉及用户用电环节，对于其他电力系统环节的发电、输电、变电、配电等一般不是该工种的工作范围。如果涉及该部分，则需要通过联系供电部门解决，装修水电工不得擅自动手解决。

装修水电工了解电力系统，主要是了解电的来源、线路的走向，为装修场地提供清晰的"用电线路"以及了解不同电线路各人员的职责与范围，如图 1-30 所示。

图 1-30　输电线路与计能设备

1.21　用电进户

家装强电施工首先需要了解装修场地用电进户线路，才能够以该进户点为基础实现户内线路的布局与安装。

用电进户线路节点一般是在用电电能表处。一般物业用电电能表之前包括用电电能表是由电力部门负责完成。装修水电工工作线路范围是从用电电能表引出线开始到装修场地整个线路（见图 1-31）。

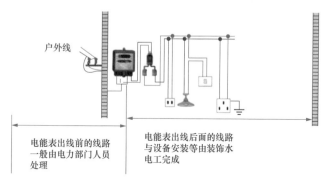

图 1-31　用电进户线路节点

有的房屋建筑商在楼盘建设时已经把集中电能表箱与家庭强电配电箱连接到户（见图 1-32），如果集中电能表箱与家庭强电配电箱的电线符合需要，则装修场地的线路就可以以强电配电箱的引进为节点进行线路敷设安装。

居民照明集中装表在楼盘居民建筑应用很广。居民照明集中装表有许多种类，例如单相集中装表电能计量箱（简称单相集装表箱）、三相直接式集中装表电能计量箱（简称三相集装表箱）、框架型式电能计量箱、铁皮电能计量箱等。

有的房屋，没有采用集中电能表箱，而是采用单独电能表箱（见图 1-33）。如果建筑商在房屋建设时以及申请安装了电能表箱，则装修水电工工作线路范围

图 1-32　电能表箱与家庭强电配电箱连接到户

图 1-33　单独电能表箱引入户内线路的图示

是从用电电能表引出线开始到装修场地整个线路。如果建筑商在房屋建设时申请安装的电能表箱以及相关线路不符合装修要求，或者没有安装电能表箱，则需要向供电部门申请解决，装修水电工不得擅自动手解决。

　　进户线是为用户用电提供电能来源，家庭用电一般由户外低压电力网提供，电压为220V。从户外的低压电网引进室内的进户线有3根或者2根，其中有一根在室外就与大地相连，称为中性线；另一根称为端线，也就是常称的相线。有的还有地线。

▶ 1.22　空气开关代替闸刀开关与熔丝

　　电能表箱需要安装总开关，家装如果再设有强电配箱，也需要在电能表箱设计、安装一总开关。过去总开关采用闸刀开关与熔丝组成，现在基本上用空气开关代替闸刀开关与熔丝（见图1-34）。

　　多功能空气开关具有自动功能的特点，即当电路发生短路等原因导致电流过大时，它会自动断开，切断电路，从而起到保护用电的安全。当排除故障后，把空气开关的扳手扳到接通位置即可。闸刀开关与熔丝组成的保护电路安全性、安装方便性比空气开关均要差，而且熔丝熔断后需要更换熔丝的麻烦。

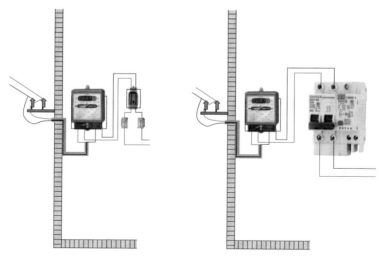

图 1-34　空气开关代替闸刀开关与熔丝

1.23 家庭电路

　　家庭电路就是给家庭用电器，包括灯具供电的电路（见图 1-35）。以前，家庭电路也称为照明电路。因为那时电灯、电视机、洗衣机、电冰箱都是由一组家庭电路来供电的。现在简单的家庭电路，包括照明电路、插座电路、电器电路也共用一组回路。插座可以接电视机、冰箱、洗衣机等家用电器。

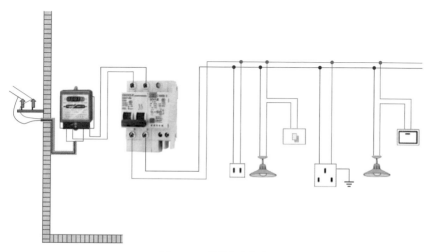

图 1-35　简单家庭电路

现在家庭电路与复杂的电路需要分几组回路。但是，无论是几组回路，还是一组回路，家庭家居电路电源点均是从电能表箱或者配电箱开始。乡镇居民家庭电路电源点以电能表箱（内部一般安装了保护器）居多，城市楼房家庭电路电源点以房屋内配电箱（内部保护器）居多。

▶ 1.24 相线、地线、零线

家装强电布线就是要用得转三线——相线、地线、零线，如图 1-36 所示。相线与零线是从电力系统输送引入的，其中零线是三相平衡时中性线中没有电流通过，以及零线是直接或间接的接到大地，跟大地电压一样接近零。相线又称火线，它与零线共同组成供电回路。地线是把设备或用电器的外壳可靠的连接大地的线路，也就是地线的一端是在用户区附近用金属导体深埋于地下，另一端与各用户的地线接点相连，起到接地保护防止触电的作用（见图 1-37 ）。

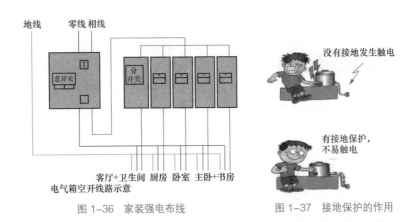

图 1-36　家装强电布线　　　　　图 1-37　接地保护的作用

为了便于管理、使用、维护，三相线中 A 相采用黄色电线，B 相采用绿色电线，C 相采用红色电线。零线一般采用淡蓝色电线。地线一般采用黄绿相间电线。

插座的相线、地线、零线的安装也是有规定的，即插座左孔接零线，中间（上面）孔接地线，右孔接相线。

地线的查找很容易，就是配电箱地排端子引出的线自然就是地线。

▶ 1.25 强电与弱电

弱电一般是指直流电路或音频线路、视频线路、网络线路、电话线路。直流电压一般在 36V 以内。家用电器中的电话、计算机、电视机的信号输入、音响设备输出端线路等用电器均为弱电电气设备。可见弱电是作为一种信号电。

弱电系统包括电话通信系统、计算机局域网系统、音乐 / 广播系统、有线电视信号分配系统、保安监控系统、消防报警系统、出入口控制系统、停车场收费管理系统、楼宇自控系统等（见图 1-38）。

强电是指建筑及建筑群用的交流 220V 50Hz 及以上的一种动力能源。强电主要向人们提供电力能源，将电能转换为其他能源，例如空调用电、动力用电等。

强电的功率常用 kW（千瓦）、MW（兆瓦）计，电压常用 V（伏）、kV（千伏）计，电流常用 A（安）、kA（千安）计。

弱电功率常用 W（瓦）、mW（毫瓦）计，电压常用 V（伏）、mV（毫伏）计，电流常用 mA（毫安）、μA（微安）计。

随着现代技术的发展，弱电已渗透到强电领域，强电中包含弱电部分，它们的关联更加紧密。

图 1-38　弱电系统

1.26　短路与断路

电源通向负载的两根导线，没有经过负载而相互直接接通的现象就称为短路（见图 1-39）。家庭用电短路主要是相线与零线没有经过负载而相互直接接通。

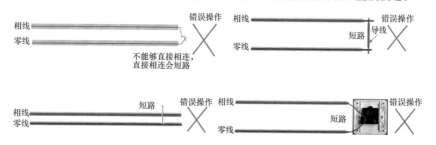

图 1-39　短路

短路会引发电路电流急剧增大，线路温度升高、烧毁设备、烧毁电线、烧毁电源、发生火灾等。

预防短路的措施就是安装自动开关、熔断器。目前，家庭电路防短路基本上采用具有短路与过载保护的断路器代替闸刀开关加熔断器组成的保护系统，在进行强电装修时要注意。

避免短路现象发生的操作就是不要使相线与零线直接接通，而是需要经过电器、灯具等负载后间接接通形成回路（见图1-40）。

图 1-40　避免短路现象的发生

断路就是本应该是连通的，而处于断开状态的异常现象。家居线路断路主要表现在电线的断路、接口端口的断路等，如图1-41所示。断路的表现是切断回路，使线路不能够正常工作。

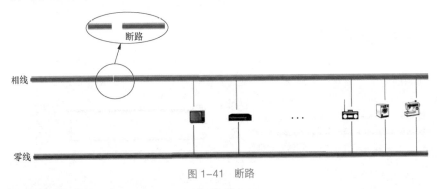

图 1-41　断路

1.27 电流通过人体的影响

人体因触及具有电压的带电体，使身体承受过大的电流，以致引起死亡或局部受伤等异常现象的事故就称为触电。

触电伤害程度一般与下面几个因素有关：触电对人体的伤害程度，与流过人体电流的种类、频率、大小、通电时间长短、电流流过人体的途径、触电者本身身体状况等有关（见图1-42）。

通常交流电的危险性大于直流电，交流电流会麻痹、破坏神经系统，使人体难以自主摆脱。频率为50~100Hz的电流最为危险，流经心脏会严重干扰和影响

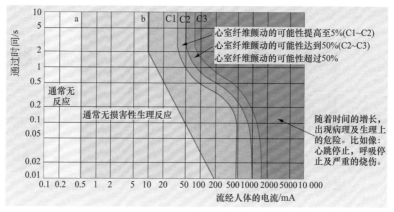

图 1-42　触电对人体的伤害程度

自身的心跳周期,容易造成心跳紊乱甚至停跳等严重后果。当频率高于 2000Hz 时,交流电由于趋肤效应,危险性将减小。家庭用市电就是 50Hz 220V 交流电,可见其危险性大。

触电伤人的主要因素是电流的大小,不同电流对人的伤害 :

(1)电流在 0.5~5mA 时,人就会有痛感,但尚可忍受,能够自主摆脱。

(2)电流大于 5mA 时,人体将发生痉挛,难以忍受。

(3)电流超过 50mA 时,人体就会产生呼吸困难、肌肉痉挛、中枢神经遭受损害,以及使心脏停止跳动以致死亡。

另外,电流流经人体的大脑或心脏时,最容易造成死亡事故。因此家装强电施工一定要注意安全施工、文明施工。

▶ 1.28 ▒ 触电损伤的种类与方式

触电损伤的种类主要包括电击与电伤。电击就是通常所说的触电,触电死亡的绝大部分是电击造成的。电伤是由电流的热效应、化学效应、机械效应以及电流本身作用所造成的人体外伤。

常见的触电方式主要有单相触电、两相触电、跨步电压触电等几种(见图 1-43、图 1-44)。其中两相触电就是人体同时接触两根相线,而形成的两相触电。两相触电的电流将从一根相线经人手进入人体,再经另一只手回到另一根相线,形成回路,这时人体承受 380V 的线电压作用,最为危险。

单相触电就是当人体站在地面上,一只手触及一根相线,形成的单相触电。单相触电的电流从相线经人手进入人体,再从脚经大地与电源的接地装置回到电

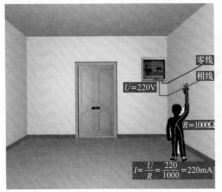

图 1-43　单线触电

图 1-44　双线触电

源中点，这时人体承受 220V 的相电压，也很危险。事实上，触电死亡事故中，大部分是单相触电。

　　单相触电中有单线触电与双线触电之分，家装强电施工中最为常见。单线触电就是人站在地上，手触到了相线或触到了与相线相连的物体而造成的触电。双线触电就是人两手分别接触相线、零线而造成的触电。

　　跨步电压就是当外壳接地的电气设备绝缘损坏而使外壳带电，或导线断落发生单相接地故障时，电流由设备外壳经接地线、接地体（或由断落导线经接地点）流入大地，向四周扩散，在导线接地点及周围形成强电场。人站立在设备附近地面上，两脚间所承受的电压。如果人迈的步子越大，那么，所承受的跨步电压就越大。这时，电流将会从人的一只脚流入，从另外一只脚流出，从而引发触电事故，即跨步电压触电。

　　另外，当某些电器由于导电绝缘破损而漏电时，人体触及外壳也会发生触电事故。这就是接触电压引起的。

　　接触电压是指人站在发生接地短路故障设备旁边，当与设备达到一定的水平距离时，如果手接触了设备的外壳，手与脚两点间呈现的电位差就是接触电压。

▶ 1.29 ░ 常用名词术语

　　光环境　光（照度水平、照度分布、照明形式、光色等）与颜色（色调、饮和度、室内色彩分布、显色性能等）与房间形状结合，在房间内所形成的生理和心理的环境。

　　一般照明　为照亮整个工作面而设置的照明，一般是由若干灯具对称的排列在整个顶棚上所组成。

应急照明　在正常照明因故熄灭的情况下，供暂时继续工作、保障安全或人员疏散用的照明。

弱电线路　指电报、电话、有线广播、网络线路装置与保护信号等线路。

中性线（符号 N）　与系统中性点相连接并能起传输电能作用的导体。

接触电压　绝缘损坏后能同时触及的部分之间出现的电压。

带电部分　在正常使用时带电的导体或可导电部分，它包括中性线，但不包括 PEN 线。

外露可导电部分　指在正常情况时不带电，但在故障情况下可能带电的电气设备外露可导电体。

保护线（符号 PE）　某些电击保护措施所要求的用来将以下任何部分作电气连接的导体。

PEN 线　起中性线和保护线两种作用的接地的导体。

接地线　从总接地端子或总接地母线接至接地极的一段保护线。

等电位联结　使各个外露可导电部分及装置外导电部分的电位作实质相等的电气联结。

等电位联结线　用作等电位联结的保护线。

影响管道阻力的因素　有管道粗糙、水的流速、水管管径大小、水管材料、水管组成形式。

公称压力　是指管材在 20℃时输水的工作压力。如果水温在其他温度需要考虑相关系数，从而修正工作压力。

工作压力　是指水管正常工作状态下作用在管内壁的最大持续运行压力，其不包括水的波动压力。

设计压力　是指给水管道系统作用在管内壁上的最大瞬时压力，其一般采用工作压力与残余水锤压力之和。

压力关系　公称压力≥工作压力。设计压力 =1.5× 工作压力。

第 2 章

工具电器全掌握

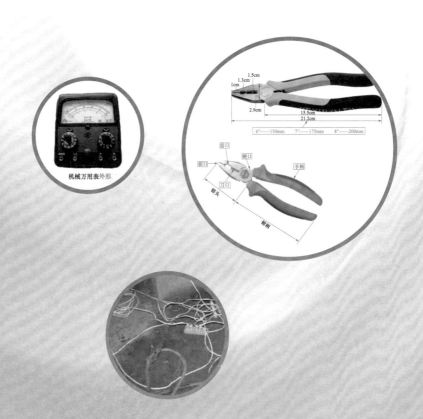

机械万用表外形

1.5cm
1.3cm
1cm
2.9cm
15.5cm
21.2cm

6″——150mm   7″——175mm   8″——200mm

齿口
滑口
铡口
刀口
手柄
钳头
钳柄

2.1 螺钉旋具（起子）

2.1.1 螺钉旋具（起子）概述

螺钉旋具又称螺丝刀、起子、改锥。它是一种拧转螺钉使其就位的一种工具。螺钉旋具有普通、一字、十字、电动、组合型、直形、L形、T形、内六角、外六角等不同种类（见图2-1）。应用时，需要合理选择螺钉旋具的品种规格，不得"以小代大"：螺钉旋具口端应与螺栓或螺钉上的槽口相吻合。如果口端太薄容易折断，口端太厚不能够完全嵌入槽内，则刀口或螺栓槽口容易损坏。

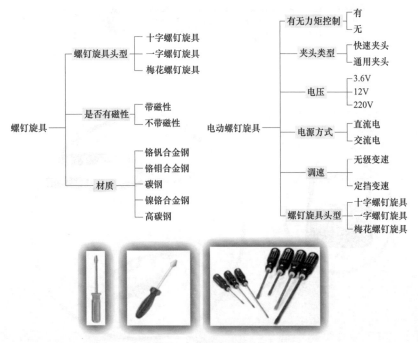

图2-1 螺钉旋具的分类

传统的螺钉旋具与棘轮螺丝旋具有差异。传统螺钉旋具是由一个塑胶手把外加一个可以锁螺钉的铁棒。棘轮螺钉旋具是由一个塑胶手把外加一个棘轮机构。棘轮螺钉旋具让锁螺钉的铁棒可以顺时针或逆时针空转，借着空转机能达到促进锁螺钉的作用，而不需要逐次将动力驱动器（手）转回原本的位置。

2.1.2 螺钉旋具（起子）的选择

现在的螺钉旋具具有一些新特点（见图2-2）。选择螺钉旋具时，结合这些特点与实际情况来选择。

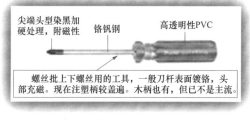

图 2-2　螺钉旋具的特点

螺钉旋具的规格有 3×75、3×100、3×150、5×75、5×100、6×38、6×100、6×125、6×150、6×200 等，也就是用刀杆直径 × 刀体长度来表示。也有的一字形螺钉旋具以柄部以外的刀体长度表示规格，单位一般为 mm。电工常用的有 100、150、300mm 等几种。选择时注意以下几点：

（1）尖嘴的选择。高碳钢制经热处理杆允许高扭矩，并减少尖嘴折断的可能性。

（2）手柄的选择。摩擦材料的手柄，可带来最大扭矩与最高舒适度。

（3）选择橡胶与金属连接固定牢靠的，以免拧稍微大一点的螺钉出现螺钉还没拧动，螺钉旋具内部刀杆就转动了。

（4）考虑需要悬挂螺钉旋具，则需要选择具有悬挂孔的螺钉旋具。

（5）选择的螺钉旋具需要与螺钉匹配的。

螺钉的种类如图 2-3 所示。

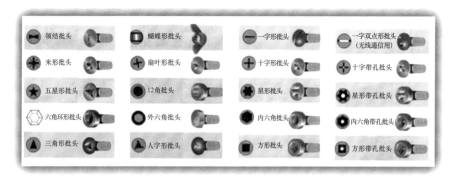

图 2-3　螺钉的种类

螺钉旋具的规格如图 2-4 所示。

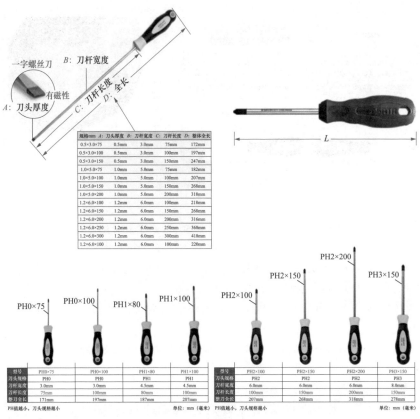

图 2-4 螺钉旋具的规格

螺钉旋具与螺钉的匹配如图 2-5 所示。

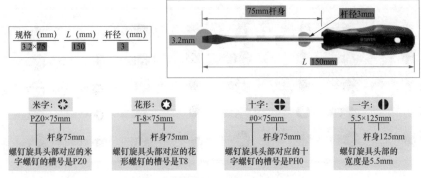

图 2-5 螺钉旋具与螺钉的匹配

2.1.3 螺钉旋具(起子)的使用

螺钉旋具顺时针方向旋转螺钉一般为嵌紧,逆时针方向旋转螺钉一般为松出。螺钉旋具开始拧松或最后拧紧时,一般需要用力将螺钉旋具压紧后再用手腕力扭转螺钉旋具。当螺栓松动后,可以用手心轻压螺钉旋具柄,用拇指、中指、食指快速转动螺钉旋具即可。使用螺钉旋具时,不要用锤子敲击工具以加力,或把螺钉旋具当锤子使用(见图 2-6)。

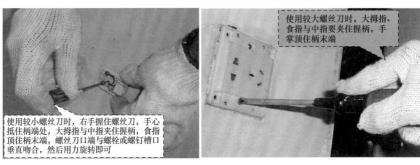

使用较大螺丝刀时,大拇指、食指与中指要夹住握柄,手掌顶住柄末端

使用较小螺丝刀时,右手握住螺丝刀,手心抵住柄端处,大拇指与中指夹住握柄,食指顶住柄末端,螺丝刀口端与螺栓或螺钉槽口垂直吻合,然后用力旋转即可

图 2-6 螺钉旋具的使用

螺钉旋具的使用注意事项:

(1)需要选用正确配套尺寸的螺钉旋具,不要将米制与米制工具混合使用。

(2)除非有特别设计,一般情况下不得将螺钉旋具用于撬、凿、钻孔等作业。

(3)除非有特别设计,一般情况下不得用锤子敲击螺钉旋具以加力,或者把螺钉旋具当锤子使用。

(4)普通的单槽螺钉,使用螺钉旋具时,需要垂直地进入螺钉槽,并且几乎没有晃动现象。同时,使用可以平齐地进入螺钉槽的最大尺寸、长度合适要求的螺钉旋具,这样可以达到满意的效果。

(5)使用螺钉旋具时,手要抓住整个手柄。拧螺钉时,要慢慢加力。

(6)带电作业时,要使用手柄绝缘的、刀柄带绝缘套的螺钉旋具。

(7)对刀头磨损的螺钉旋具进行修整时,可以利用锉刀进行,并且修整的形状应与原来刀头的形状一致。同时,锉刀头时,需要顺着原来的锥度线进行。

(8)不得将手动工具与附件用在气动或电动工具上。

Tips 刀杆上卷电工胶布以备用。

为防止应急需要用电工胶布，可以在螺钉旋具杆（刀体）上卷一些电工胶布，以备用。

图 2-7　使用螺钉旋具的注意事项

剥线钳如图 2-8 所示。

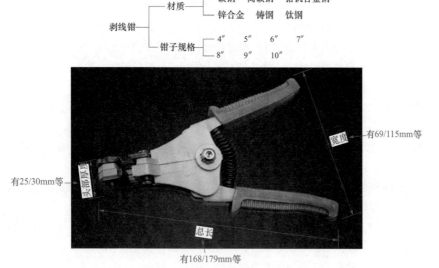

图 2-8　剥线钳

剥线钳的应用如图 2-9 所示。

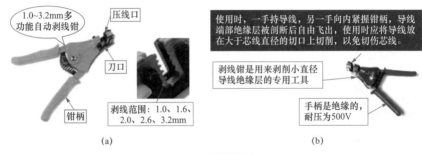

图 2-9 剥线钳的应用

剥线钳又称扒皮钳、拔皮钳等。剥线钳是用来剥离 6mm² 以下的塑料或橡皮电线的绝缘层。剥线钳的钳头上有多个大小不同的切口，以适用于不同规格的导线。使用时，导线必须放在稍大于线芯直径的切口上切剥，以免损伤线芯。

剥线钳的材质如图 2-10 所示。

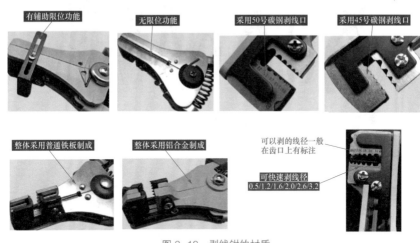

图 2-10 剥线钳的材质

一般的剥线钳是 4 孔，也就是可以剥的电线为 0.25~2.5mm²。有的剥线钳是 6 孔，也就是可以剥的电线为 0.25~6mm²。选择具有可调节量线杆，从而可以保证每次剥线的长度一致。剥线钳的剥线范围如图 2-11 所示。

2.3 钳子

钳子的分类如图 2-12 所示。

剥线范围

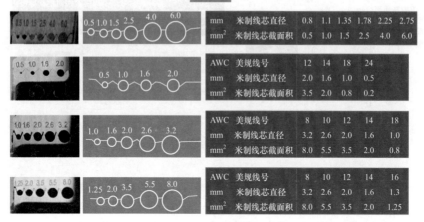

图 2-11　剥线钳的剥线范围

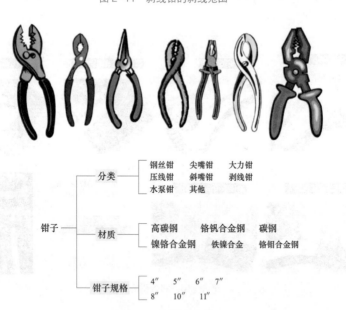

	分类	钢丝钳	尖嘴钳	大力钳
		压线钳	斜嘴钳	剥线钳
		水泵钳	其他	
钳子	材质	高碳钢	铬钒合金钢	碳钢
		镍铬合金钢	铁镍合金	铬钼合金钢
	钳子规格	4″ 5″ 6″ 7″		
		8″ 10″ 11″		

图 2-12　钳子的分类

　　钳子是一种用于扭转、弯曲、剪断金属丝线或者夹持、固定加工工件的一种手工工具。钳子的外形一般呈 V 形，一般由手柄、钳腮、钳嘴组成。钳嘴的形式很多，常见的有尖嘴、平嘴、扁嘴、圆嘴、弯嘴等样式。部分钳子的结构与用途如图 2-13 所示。

　　按性能分为：夹扭型钳子、剪切型钳子、夹扭剪切型钳子等。

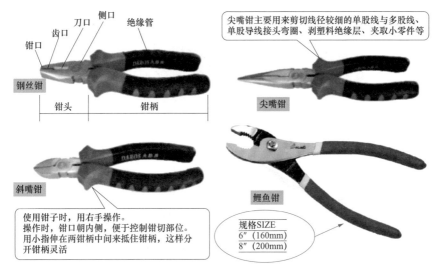

图 2-13　部分钳子的结构与用途

按形状分为：尖嘴钳、斜嘴钳、针嘴钳、扁嘴钳、圆嘴钳、弯嘴钳、顶切钳、钢丝钳、花鳃钳等。

按主要功能、用途分为：钢丝钳、剥线钳、夹持式钳子、管子钳等。

按通常规格分为：4.5″ 迷你钳、5″ 钳子、6″ 钳子、7″ 钳子、8″ 钳子、9.5″ 钳子等。

按用途分为：DIY 钳、工业级用钳、专用钳等。

按结构形式分为：穿鳃钳、叠鳃钳等。

2.4 尖嘴钳

2.4.1　尖嘴钳概述

尖嘴钳又称修口钳、尖头钳。尖嘴钳是由尖头、刀口、钳柄组成。电工用尖嘴钳的材质一般由 45 号钢制作，类别为中碳钢，含碳量为 0.45%，韧性硬度都符合要求。一般钳柄上套有额定电压 500V 的绝缘套管（见图 2-14）。

有的 165mm 尖嘴钳材质为 S60CHRC，硬度为 HRC48±3，剪切能力 1.2mm 硬质铁线、2.0mm 软质铁线、2.6mm 铜线。

有的 200mmVDE1000V 尖嘴钳材质为 ASIS6150，硬度为 HRC46±4，剪切能力 2.2mm 硬质铁丝、3.2mm 铜线。

常用工具用钢说明：

碳钢 CS。主要是指碳的质量分数小于 2.11% 而不含有特意加入的合金元素

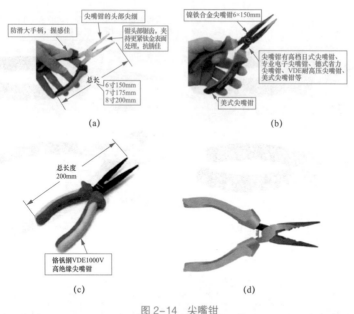

图 2-14 尖嘴钳

的钢。其也称为普碳钢、碳素钢。碳钢含碳量越高，则强度越高，塑性（韧性）越低。常见的 45 号碳钢属于一种优质碳素钢（含磷、硫较低），一般广泛用于通用工具材料。

铬钒钢 Cr-V。铬钒钢是加入铬（Cr）、钒（V）合金元素的合金工具钢,其强度、韧性的综合能力优于碳钢。铬钒钢适合作为优质工具的理想材料,例如扳手、套筒、螺钉旋具等。

铬钼钢 Cr-Mo。铬钼钢是铬（Cr）、钼（Mo）、铁（Fe）、碳（C）的合金。其耐冲击性能优秀，强度与韧性优秀，综合性能优于铬钒钢。铬钼钢适合用于制作螺钉旋具等。

S2 工具钢。S2 工具钢是碳（C）、硅（Si）、锰（Mn）、铬（Cr）、钼（Mo）、钒（V）的合金。其是优秀的耐冲击工具钢。S2 工具钢属于高端的工具用钢，综合性能优于铬钼钢。S2 工具钢可以用于制作螺钉旋具、内六角扳手等。

2.4.2 尖嘴钳的使用

尖嘴钳的外形与特点如图 2-15 所示。

尖嘴钳是一种常用的钳形工具，其主要用来剪切线径较细的单股线与多股线，以及给单股导线接头弯圈、剥塑料绝缘层、压接导线、夹持螺钉，以及能在较狭小的工作空间操作等。不带刃口的尖嘴钳只能够夹捏工作，带刃口的尖嘴钳能够剪切细小零件。

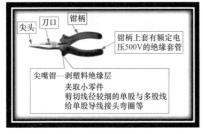
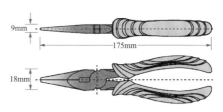

图 2–15　尖嘴钳的外形与特点

　　一般用右手操作尖嘴钳,使用时,需要握住尖嘴钳的两个手柄,才能够进行夹持或剪切工作。使用时,注意刃口不要对向自己,以免受到伤害。

　　一般情况下,尖嘴钳的强度是有限度的,所以,不能够用它操作其力量所达不到的工作。特别是型号较小的尖嘴钳或者普通尖嘴钳,用它弯折强度大的棒料板材等工件时,有可能损坏尖嘴钳钳口。

　　用尖嘴钳弯导线接头的操作方法:先将线头向左折,然后紧靠螺杆依顺时针方向向右弯即成。

　　不用尖嘴钳时,应在其表面涂上润滑防锈油,以避免生锈,或者避免支点发涩。

　　具体尖嘴钳的手柄绝缘耐压能力是不同的,以及最大剪断能力是不同的(见图 2–16)。

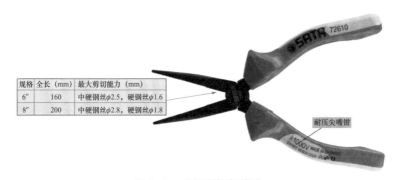

规格	全长(mm)	最大剪切能力(mm)
6″	160	中硬钢丝φ2.5,硬钢丝φ1.6
8″	200	中硬钢丝φ2.8,硬钢丝φ1.8

图 2–16　手柄绝缘耐压能力

2.5　钢丝钳

2.5.1　钢丝钳概述

　　钢丝钳的外形与特点如图 2–17 所示。

　　钢丝钳又称花腮钳、克丝钳、老虎钳。其可以用于夹持或弯折薄片形、柱形金属零件,绞弯导线、紧固螺母及切断中等硬度以下金属丝、弯绞导线、钳夹导线。

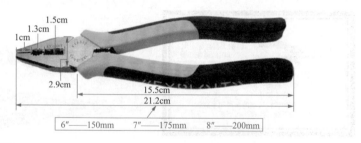

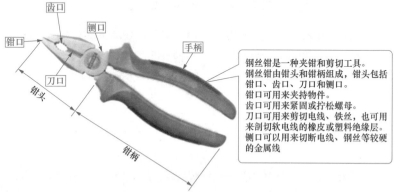

图 2-17 钢丝钳的外形与特点

钢丝钳是一种夹钳和剪切工具。
钢丝钳由钳头和钳柄组成，钳头包括钳口、齿口、刀口和铡口。
钳口可用来夹持物件。
齿口可用来紧固或拧松螺母。
刀口可用来剪切电线、铁丝，也可用来剖切软电线的橡皮或塑料绝缘层。
铡口可以用来切断电线、钢丝等较硬的金属线

钢丝钳旁刃口也可以用于切断细金属丝。齿口可以用来紧固或拧松小螺母，刀口可用来剪切电线，以及掀拔铁钉、剖切软电线的橡皮或塑料绝缘层等。

钢丝钳的绝缘塑料管耐压 500V 以上，可以带电剪切 380/220V 电线。

钢丝钳主要用于电工布线、电气设备维修等作业。

不同厂家的工具，具体尺寸有所差异。常见的有 150、175、200、250mm 等多种规格（见图 2-18）。

规格	A:齿口长度	B:最大开口	C:手柄长度	D:总长度
6″	2.6cm	26.09cm	10cm	16.5cm
7″	3.512cm	35.12cm	11cm	18.5cm
8″	3.745cm	37.45cm	13.56cm	21.5cm

图 2-18 钢丝钳的规格

2.5.2 钢丝钳的选择

钢丝钳的结构与使用方法如图 2-19 所示。

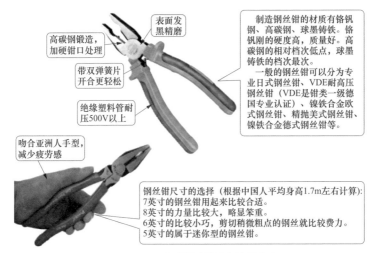

图 2-19 钢丝钳的结构与使用方法

电工需要选用带绝缘手柄的钢丝钳，并且钢丝钳的绝缘性能为 500V。常用钢丝钳的规格有 150mm、175mm 和 200mm 三种，也就是 6″、7″、8″ 为主（其中 1 英寸等于 25mm）

一般应选择防滑、耐压手柄的钢丝钳。另外，也应选择齿口、刀口结合紧密的（见图 2-20）。

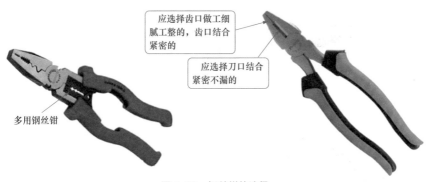

图 2-20 钢丝钳的选择

2.5.3 钢丝钳的使用

使用时，将钳口朝内侧，便于控制钳切部位，用小指伸在两钳柄中间来抵住钳柄，张开钳头，这样分开钳柄灵活（见图 2-21）。

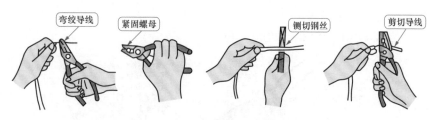

图 2-21　使用钢丝钳的正确操作方法

钢丝钳的使用注意事项（见图 2-22）：

（1）钢丝钳分为绝缘钢丝钳、不绝缘钢丝钳。电工一般选择绝缘钢丝钳。使用电工钢丝钳前，首先需要检查绝缘手柄的绝缘是否完好。如果绝缘破损，进行带电作业时会发生触电事故。

（2）使用钢丝钳需要量力而行，不可以超过其负载使用。

（3）不可在切不断的情况下扭动钢丝钳，否则钢丝钳会崩牙、损坏。

（4）钢丝钳有三个刃口，可以用来剪断铁丝，但是一般不能够用来剪断钢丝。

（5）不要直接用钢丝钳刃部剪、扭东西。

（6）钢丝钳钳柄只能用手握，不能够用其他方法加力（例如用锤子打、用台虎钳夹等）。

（7）使用钢丝钳时，需要用右手操作，并且将钳口朝内侧，便于控制钳切部位。用小指伸在两钳柄中间来抵住钳柄，张开钳头，这样分开钳柄灵活。

图 2-22　使用钢丝钳的注意事项

（8）为了安全，作业时需要戴上防护眼镜，以免剪断物飞出，造成伤人。同时，注意作业时，周边是否有人，并且注意剪断物不会伤到他们。

（9）无论钢丝还是铁丝或铜线，只要钢丝钳能够留下咬痕，然后用钳子前口的齿夹紧钢丝（铁丝或铜线），再轻轻的上抬或者下压钢丝（铁丝或铜线），即可掰断钢丝（铁丝或铜线），这样可以省力，并且对钳子没有损坏，从而达到延长钢丝钳的使用寿命。

Tips 不同钳子的应用比较。

不同钳子的应用比较：

（1）**尖嘴钳**。主要用来夹小螺母，绞合硬钢线，其尖口作剪断导线用。

（2）**虎口钳**。主要作用与尖嘴钳基本相同，夹螺母，剪导线。

（3）**斜口钳**。用于剪细导线、修剪焊接多余的线头等作用。

（4）**剥线钳**。主要用来快速剥去导线外面塑料。使用时需要注意选好孔径，切勿使刀口剪伤内部的金属芯线。

▶ 2.6 扳手

2.6.1 扳手的种类

扳手的种类如图 2-23 所示。

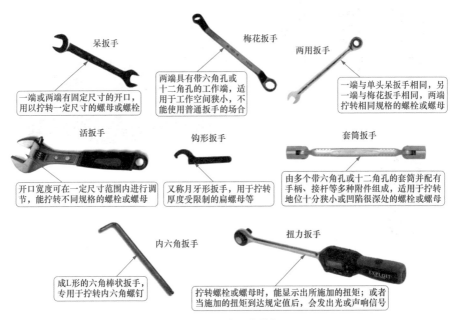

图 2-23　扳手的种类

扳手是用来拧紧或松动螺栓和螺母的工具，每种类型的扳手都有其特殊的用途（见图 2-24、图 2-25）。

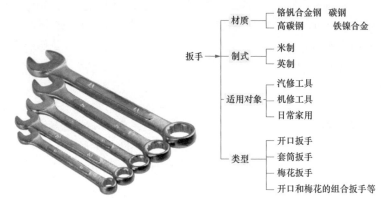

图 2-24　扳手的类型及用途（一）

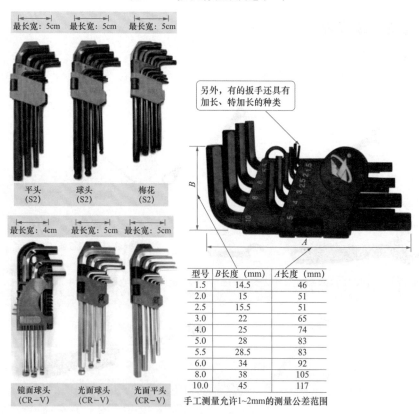

型号	B长度（mm）	A长度（mm）
1.5	14.5	46
2.0	15	51
2.5	15.5	51
3.0	22	65
4.0	25	74
5.0	28	83
5.5	28.5	83
6.0	34	92
8.0	38	105
10.0	45	117

手工测量允许1~2mm的测量公差范围

图 2-25　扳手的类型及用途（二）

2.6.2　扳手的选择

月牙扳手规格选用的方法：首先量一下圆螺母的外直径，例如直径是 70mm 的，则可以选用的月牙扳手规格是 68–72 或 78–85。如果选择稍大一个规格（78–85）的扳手，这样圈住的弧度更大，方便旋开螺母。注意：使用月牙扳手旋紧或拧开螺母时，不得用锤子敲击扳手尾部，以免导致扳手头部内勾部分断裂。

全套内六角扳手规格与螺纹规格的对应见表 2–1。

表 2–1　　　　全套内六角扳手规格与螺纹规格的对应

扳手规格	S3	S4	S5	S6	S8	S10	S12	
螺纹规格	M4	M5	M6	M8	M10	M12	M14	M16
扳手规格	S14		S17		S19		S24	S27
螺纹规格	M18	M20	M22	M24	M27	M30	M36	M42

呆扳手（开口扳手）规格与螺纹规格的对应见表 2–2。

表 2–2　　　　　　　呆扳手规格与螺纹规格的对应

扳手尺寸（mm）	7	8	10	14	17	19	22	24
螺纹规格	M4	M5	M6	M8	M10	M12	M14	M16
扳手尺寸（mm）	27	30	32	36	41	46	55	65
螺纹规格	M18	M20	M22	M24	M27	M30	M36	M42

米制外六角螺栓与套筒扳手对边尺寸对应见表 2–3。

表 2–3　米制外六角螺栓与套筒扳手对边尺寸对应

螺栓尺寸	对应扳手或套筒尺寸	螺栓尺寸	对应扳手或套筒尺寸
M3	5.5mm	M20	30mm
M4	7mm	M22	34mm
M5	8mm	M24	36mm
M6	10mm	M27	41mm
M8	13mm	M30	46mm
M10	16mm	M32	50mm
M12	18mm	M36	55mm
M14	21mm	M39	60mm
M16	24mm	M42	65mm
M18	27mm		

扳手对应规格 B ═ 螺栓、螺母六角对边 A 尺寸
等于

全套内六角扳手规格的选用，需要与螺纹规格对应好。

呆扳手的选用如图 2–26 所示，呆扳手的规格见表 2–4。

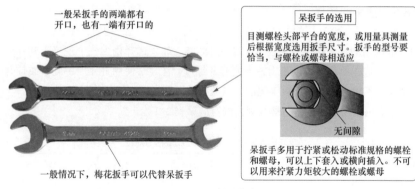

一般呆扳手的两端都有
开口，也有一端有开口的

呆扳手的选用

目测螺栓头部平台的宽度，或用量具测量
后根据宽度选用扳手尺寸。扳手的型号要
恰当，与螺栓或螺母相适应

无间隙

呆扳手多用于拧紧或松动标准规格的螺栓
和螺母，可以上下套入或横向插入。不可
以用来拧紧力矩较大的螺栓或螺母

一般情况下，梅花扳手可以代替呆扳手

图 2-26　呆扳手的选用

表 2-4　　　　　　　　　　　　　呆扳手的规格　　　　　　　　　　　　　（mm）

规格	L	D_1	D_2	规格	L	D_1	D_2
5.5×7	124.0	12.5	16.7	16×18	227.7	35.5	39.7
6×7	123.5	12.5	16.7	17×19	227.8	35.5	39.7
8×10	149.2	16.7	20.8	19×21	238.8	39.7	43.8
9×11	149.9	20.8	22.9	19×22	253.6	43.8	45.9
10×12	162.3	20.8	25.0	21×23	260.7	43.8	48.0
11×13	174.2	22.9	27.1	22×24	283.6	45.9	50.1
12×14	186.1	25.0	29.2	23×26	298.6	48.0	54.3
13×15	182.4	27.1	33.4	24×27	278.2	50.1	52.2
13×16	182.4	27.1	33.4	27×30	290.8	56.4	62.6
14×17	200.0	29.2	35.5	30×32	308.4	62.6	66.8

2.6.3　扳手的使用

扳手的使用如图 2-27 所示。

扳手的使用注意事项（见图 2-28）：

（1）使用扳手时，扳口尺寸需要与螺母尺寸相符，不得在扳手的开口中加垫片，应将扳手靠紧螺母或螺钉。

（2）扳手不得加套管以接长手柄，不得用扳手拧扳手，不得将扳手当手锤使用。

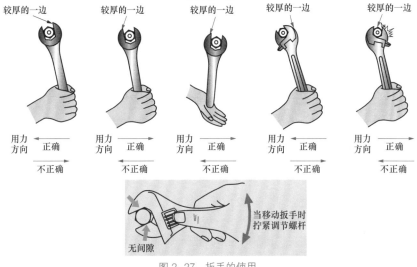

图 2-27　扳手的使用

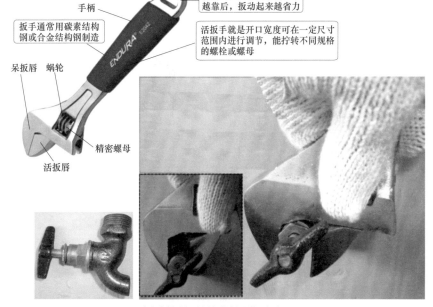

请勿在扳手柄上添加长柄以增强扭力。

图 2-28　使用扳手的注意事项

（3）扳手在每次扳动前，需要将活动钳口收紧，先用力扳一下，试其紧固程度，然后将身体靠在一个固定的支撑物上或双脚分开站稳，再用力扳动扳手。

（4）使用套筒扳手，扳手套上螺母或螺钉后，不得有晃动，并且需要把扳手放到底。

（5）如果螺母或螺钉上有毛刺，需要进行处理，不得有用手锤等物体将扳手打入等异常操作行为。

（6）高处作业时，需要使用死扳手。如果用活扳手必须用绳子拴牢，并且操作人员要站在安全可靠位置，以及系好安全带。

▶ 2.7 ⁝ 活扳手

2.7.1 活扳手概述

活扳手的外形与特点如图 2-29 所示。

活扳手又称活口扳手、活络扳手。活扳手的开口宽度可以在一定尺寸范围内进行调节，从而可以实现拧转不同规格的螺栓或螺母的功能。

普通活扳手规格如下：6″（150mm）、8″（200mm）、10″（250mm）、12″（300mm）、15″（375mm）、18″（450mm）、24″（6000mm）等。

普通活扳手磷化的作用：

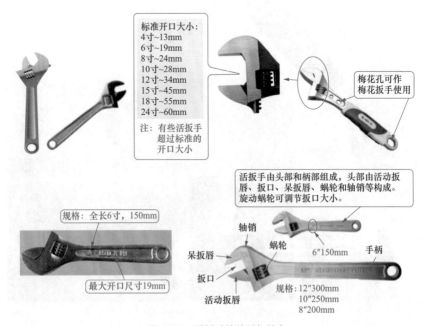

图 2-29 活扳手的外形与特点

（1）涂装前磷化的作用。增强涂装膜层与工件间结合力，提高装饰性以及涂装后，增强工件表面涂层的耐蚀性。

（2）非涂装磷化的作用。提高工件的耐磨性，提高工件的耐蚀性，以及使工件在机加工过程中具有润滑性。

活扳手的结构如图 2-30 所示。

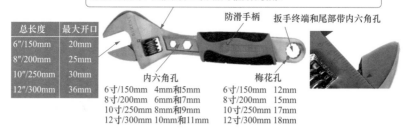

活扳手能在一定范围内任意调节扳手开口尺寸的大小。用来拆装开口尺寸限度内的螺栓、螺母，特别是不规则的螺栓或螺母。用来紧固力矩较大的螺栓或螺母。只能在开口紧固后才能开始使用。

防滑手柄　　　扳手终端和尾部带内六角孔

总长度	最大开口
6″/150mm	20mm
8″/200mm	25mm
10″/250mm	30mm
12″/300mm	36mm

内六角孔
6寸/150mm　4mm和5mm
8寸/200mm　6mm和7mm
10寸/250mm 8mm和9mm
12寸/300mm 10mm和11mm

梅花孔
6寸/150mm　12mm
8寸/200mm　15mm
10寸/250mm 17mm
12寸/300mm 18mm

图 2-30　活扳手的结构

Tips 没有带测量工具时，而估计又不准确。如果刚好带的扳手上有刻度，则可以借助活扳手上的刻度判断距离。

2.7.2　活扳手的使用注意事项

活扳手的使用与注意事项如图 2-31 所示。

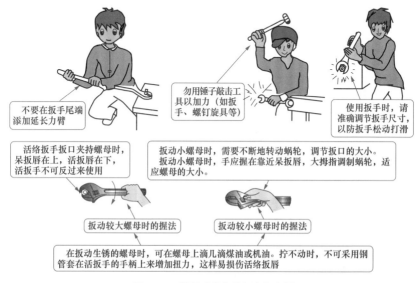

不要在扳手尾端添加延长力臂

勿用锤子敲击工具以加力（如扳手、螺钉旋具等）

使用扳手时，请准确调节扳手尺寸，以防扳手松动打滑

活络扳手扳口夹持螺母时，呆扳唇在上，活扳唇在下，活扳手不可反过来使用

扳动小螺母时，需要不断地转动蜗轮，调节扳口的大小。扳动小螺母时，手应握在靠近呆扳唇，大拇指调制蜗轮，适应螺母的大小。

扳动较大螺母时的握法　　　扳动较小螺母时的握法

在扳动生锈的螺母时，可在螺母上滴几滴煤油或机油。拧不动时，不可采用钢管套在活扳手的手柄上来增加扭力，这样易损伤活络扳唇

图 2-31　活扳手的使用与注意事项

安全使用手动工具的原则：

（1）选择适合工作需要的手动工具。

（2）保持工具良好的使用状况。

（3）选择材质良好的手动工具。

（4）使用前确实检查手动工具。

（5）正确方法使用手动工具。

（6）手动工具应有安全的场所放置。

（7）工作前佩戴适当的防护设备。

（8）选用标准工具或规定工具。

活扳手的正确使用如图 2-32 所示。

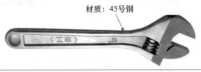

材质：45号钢

工作时用力朝扳手的副钳口方向

调节开口大小，让扳手钳口面紧贴在螺母或螺栓的面上。
　　工作时用力朝扳手的副钳口方向，手握扳手的另一端，这样可以避免用力太大损坏扳手，手臂尽量垂直于扳手方向，这样就比较省力了。
　　使用扳手时，不能双手同时扳动扳手，只能一只手用力使用，且没有用力的一只手一定要有一个支撑，脚步要按丁字形岔开站稳，避免操作者用力过程中扳手滑落摔倒而发生伤人事故

图 2-32　活扳手的正确使用

Tips 工具使用禁忌。

（1）钳子只能用作夹持工件、剪切金属丝，不能作为敲击工具使用。

（2）扳手只能用作松动旋拧螺栓，不能被敲击与作为敲击工具使用。

（3）螺钉旋具只能用来手动旋拧螺钉，不能作为撬起工具使用。

2.8 梅花扳手的使用

梅花扳手的两端为套筒。套筒内孔是有两个正六边形相互同心错开 30° 而成（见图 2-33）。

使用时，扳手扳动30°后，则可更换位置，适用于狭窄场合的操作。
　　使用时，将螺栓或螺母的头部全部围住，不易脱落，安全可靠。
　　与呆扳手相比，梅花扳手的力矩较大，但受空间的限制也较大。
　　扳手手柄带有弯曲或角度，使用时可以为手指提供间隙，防止擦伤手指

图 2-33　梅花扳手

梅花扳手的规格见表 2-5。

使用梅花扳手的注意事项如图 2-34 所示。

A：全长

D：小头开口长度　　B：厚度　　C：手柄宽度　　E：大头开口长度

表 2-5　　　　　　　　　　　　　梅花扳手的规格　　　　　　　　　　　　（mm）

F：规格	A：全长	B：厚度	C：手柄宽度	D：小头开口长度	E：大头开口长度
8–10	140	4.8	9.3	8	10
9–11	160	4.9	10.2	9	11
10–12	165	5	10.3	10	12
12–14	190	5.3	11.3	12	14
13–15	195	5.5	13.7	13	15
13–16	195	5.3	11.7	13	16
14–17	225	5.5	13	14	17
16–18	225	6.4	13.4	16	18
17–19	260	6.5	14	17	19
18–21	265	6.4	14	18	21
19–22	300	7.2	15.2	19	22
22–24	300	7.1	16.4	22	24
24–27	350	8.1	18.4	24	27
27–30	380	8.4	20.5	27	30
30–32	410	8.8	20.2	30	32

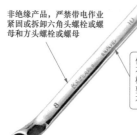

非绝缘产品，严禁带电作业
紧固或拆卸六角头螺栓或螺
母和方头螺栓或螺母

使用梅花扳手的注意事项：
不要使用带有损坏或有裂纹的梅花扳手。
梅花扳手的选用要与螺栓或螺母的尺寸相适应。
要将螺栓或螺母套牢固后才能扳动用力，否则会损坏螺栓或螺母。
不能用管子套在扳手上以增加扳手的长度来拧紧螺栓和螺母

图 2-34　使用梅花扳手的注意事项

▶ 2.9　试电笔

2.9.1　试电笔概述

试电笔的类型如图 2-35 所示。

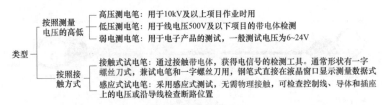

图 2-35　试电笔的类型

试电笔实物图如图 2-36 所示。

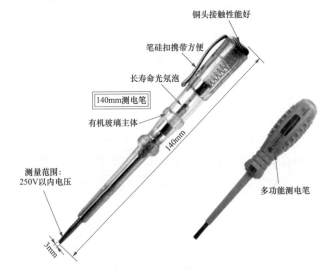

图 2-36　试电笔实物图

　　试电笔是用来检验被测物体是否带电。普通试电笔的特点：如果被测物体带电，则普通试电笔接触到带电部位时，电笔内的氖管就会发光。用试电笔测试带电物体时，如果氖泡内电极一端发生辉光，则所测的电说明是直流电。如果氖泡内电极两端都发辉光，则说明所测的电为交流电。

　　试电笔的结构如图 2-37 所示。

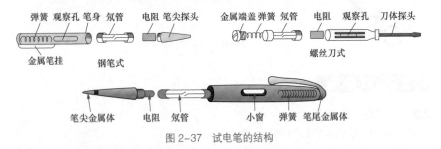

图 2-37　试电笔的结构

　　试电笔测试电压的范围通常为60~500V。测试时如果氖泡发光,说明导线有电,或者为通路的相线。

　　试电笔的种类及使用如图2-38所示。

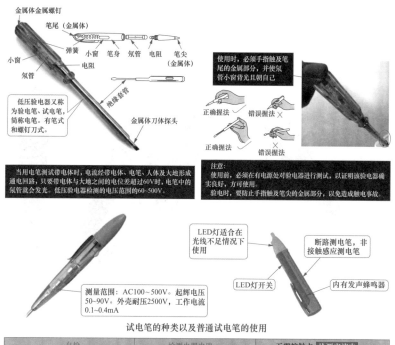

试电笔的种类以及普通试电笔的使用

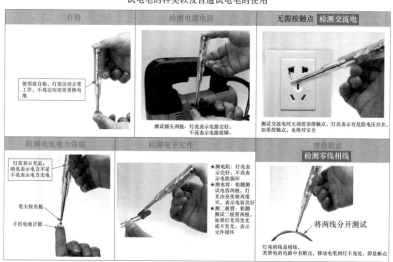

多功能感应试电笔的使用

图2-38　试电笔的种类及使用

Tips 试电笔测距。

在没带尺的情况下,利用自己工作用试电笔笔尖金属体(刀体探头)的长度(如 65mm 的试电笔)来测距。

2.9.2 数显试电笔与感应测电笔

数显两用电笔如图 2-39 所示。

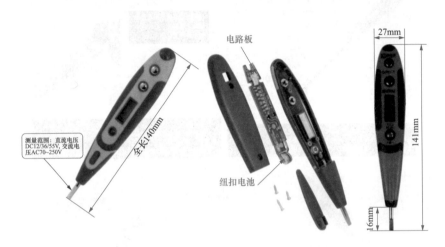

图 2-39　数显两用电笔

数显两用电笔的使用方法(以某一型号数显两用电笔为例进行介绍):

(1)DIRECT(A)按键为直接测量按键(该按键离液晶屏较远),也就是用批头直接去接触线路时,就按该按钮。

(2)INDUCTANCE(B)按键为感应测量按键(该按键离液晶屏较近),也就是用批头感应接触线路时,就按该按钮。

(3)数显两用电笔有适用检测电压的范围,不可以超过其范围检测。一般应用情况,选择直接检测 12~250V 的交直流电与间接检测交流电的零线、相线和断点的数显两用电笔即可。

(4)直接检测操作的方法如下:

1)最后数字为所测电压值。

2)未到高断显示值 70% 时,显示低断值。

3)测量直流电时,需要手碰另一极。

(5)间接检测操作的方法如下:按住 B 键,然后将批头靠近电源线,如果电源线带电,则数显电笔的显示器上将显示高压符号。

（6）断点检测操作的方法如下：按住 B 键，然后沿电线纵向移动时，显示窗内无显示处即为断点处。

数显两用电笔的结构如图 2-40 所示。

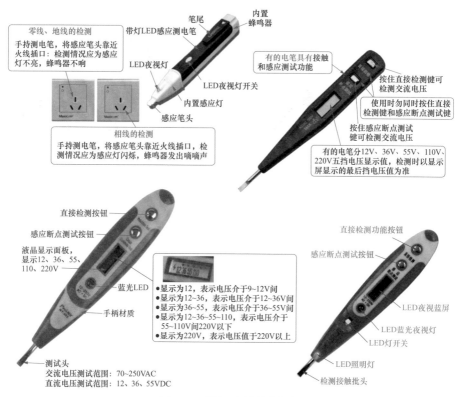

图 2-40　数显两用电笔的结构

2.10　美工刀

美工刀的特点与使用如图 2-41 所示。

美工刀也称为刻刀，但是其与其他"真正的刻刀"是有差异的。美工刀多由塑刀柄、刀片两部分组成，一般为抽拉式结构。也有少数美工刀为金属刀柄。刀片一般为斜口，如果刀片用钝了，可以顺着刀片身的划线折断，会出现新的刀锋，则继续可以方便使用。

美工刀常见的功能有切割、雕饰、打点等。美工刀的使用注意事项：

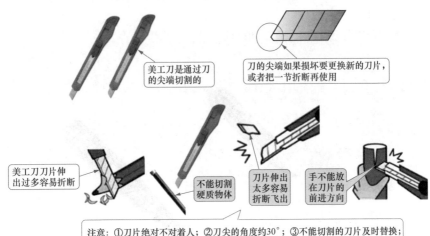

图 2-41　美工刀的特点与使用

（1）美工刀有大小等多种型号，根据实际情况来选择。美工刀片中刀产品规格为 0.5mm×18mm×100mm、小刀产品规格为 0.4mm×9mm×80mm 等。

（2）美工刀正常使用时一般只使用刀尖部分。因刀身很脆，因此，使用时不能伸出过长的刀身。

（3）美工刀刀身的硬度与耐久因刀身质地不同而有差异。

（4）刀柄的选用需要根据手型来挑选，并且握刀手势要正确。

（5）很多美工刀为了方便折断都会在折线工艺上做处理，但是需要注意，这些处理对于惯用左手的人来说可能会比较危险，使用时需要多加小心。

（6）美工刀与其他刻刀的区别：刻刀刀锋短，刻刀刀身厚，刻刀特别适合于雕刻各种坚硬材质（例如木头、石头、金属材料）。美工刀刀锋长，美工刀刀尖多为斜口，美工刀刀身薄，可以用于雕刻、裁切比较松软单薄的材料（例如纸张、松软木材等）。

（7）如果不慎操作美工刀受伤，则应该学会一些处理方法：

1）首先需要消毒，例如用消毒棉棒蘸消毒液消毒。如果创口没有消毒直接包扎，则可能会因此导致伤口坏损。

2）止血包扎，消毒后对于新鲜伤口最大的敌人就是空气中的氧气与水分，此时应作包扎隔绝伤口。

3）只要伤口有任何异常或者超过一般认为的包扎处理范围，则一定要即时就医。

美工刀的外形、特点以及使用注意点如图 2-42 所示。

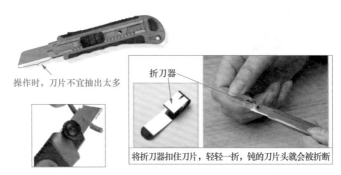

图 2-42　美工刀的外形、特点以及使用注意点

2.11 电工刀

2.11.1　电工刀的概述

电工刀的外形与特点如图 2-43 所示。

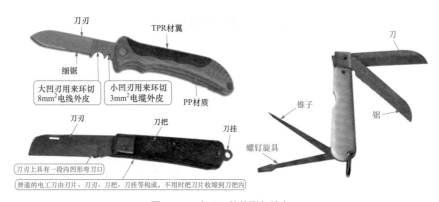

图 2-43　电工刀的外形与特点

电工刀是用来切割或剖削的一种常用电工工具。电工刀的种类有直刃单用电工刀、弯刃单用电工刀、组合电工刀、多功能电工刀等类型（见图 2-44）。

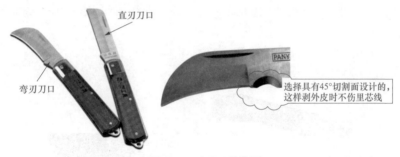

图 2-44　电工刀的类型

2.11.2　电工刀的使用

电工刀的使用方法、要点如图 2-45 所示。

（1）使用电工刀时，需要刀口朝外进行操作。电工刀用完后，随即把刀身折入刀柄内。

（2）一般电工刀的刀柄结构是没有绝缘的，因此，不能在带电体上使用电工刀进行操作，以免触电。

（3）电工刀的刀口可以在单面上磨出呈圆弧状的刃口。

（4）电工刀剖削绝缘导线的绝缘层时，需要使圆弧状刀面贴在导线上进行切割，并且刀略微翘起一些，用刀刃的圆角抵住线芯，这样刀口就不易损伤线芯。

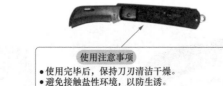

图 2-45　电工刀的使用方法、要点

如果把刀刃垂直对着导线切割绝缘层，会容易割伤电线线芯。

（5）电工刀可以用来剖削电线线头，切割木台缺口等。

（6）导线接头前，需要把导线上的绝缘剥除。用电工刀切剥时，刀口不得损伤芯线。

（7）电工刀导线绝缘的方法有级段剥落法、斜削剥削法。

（8）电工刀的刀刃部分要磨得锋利才好剥削电线。但不可太锋利，太锋利容易削伤线芯。磨得太钝，则无法剥削绝缘层。

（9）磨电工刀刀刃一般采用磨刀石或油磨石，磨好后再把底部磨点倒角，即刀口略微圆一些。

（10）电工刀对双芯护套线的外层绝缘的剥削，可以用刀刃对准两芯线的中间部位，把导线一剖为二。

（11）圆木与木槽板或塑料槽板的吻接凹槽，可以采用电工刀在施工现场切削。一般用左手托住圆木，右手持刀切削。

（12）电工刀还可以削制木榫、竹榫等。

（13）多功能电工刀除了有刀片外，还有锯片、锥子、扩孔锥、尺子、剪子、开啤酒瓶盖等。多功能电工刀的锯片，可以用来锯割木条、竹条，以及制作木榫、竹榫。

（14）电线、电缆的接头处常使用塑料或橡皮带等作加强绝缘，这种绝缘材料可用多功能电工刀的剪子将其剪断。

（15）电工刀上的钢尺，可以用来检测电器尺寸。

（16）圆木上需要钻穿线孔，可以先用锥子钻出小孔，然后用扩孔锥将小孔扩大，这样有利于较粗的电线穿过。

（17）在硬杂木上拧螺钉很费劲时，可以先用多功能电工刀上的锥子锥个洞，然后再拧螺钉就省力多了。

电工刀的外形尺寸及切割要点如图 2-46 所示。

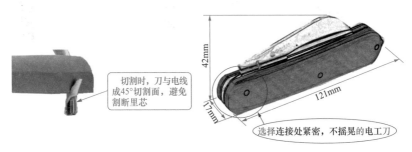

图 2-46 电工刀的外形尺寸及切割要点

﹥ 2.12 ⁝ 锤子

2.12.1 锤子外形、特点

锤子的种类如图 2-47 所示。

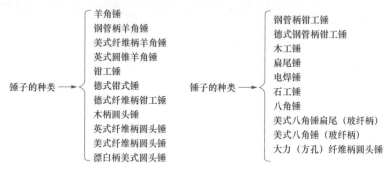

图 2-47 锤子的种类

锤子又称为榔头，它是敲打物体使其移动或变形的一种锤击工具。锤子的外形如图 2-48 所示。小锤子常用来敲钉子、矫正或是将物件敲开。锤子有各式各样的形式与种类（见图 2-49）。

规格	L（mm）
0.5磅	297
1磅	335
1.5磅	390
2磅	390
2.5磅	380

图 2-48 锤子的外形

有的锤子的锤头表面为 SBR 橡塑材质，具有防爆、敲击时不损伤物体表面、无金属外漏、锤击时不会产生火花等特点。有的锤子的锤壳内装有防反弹钢珠，锤击时沉重有力，不反弹，不损伤金属表面。

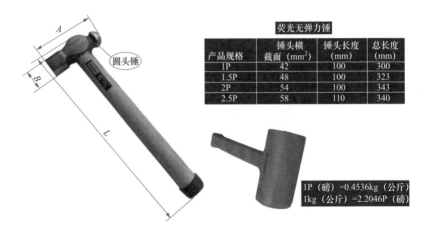

荧光无弹力锤			
产品规格	锤头横截面（mm²）	锤头长度（mm）	总长度（mm）
1P	42	100	300
1.5P	48	100	323
2P	54	100	343
2.5P	58	110	340

1P（磅）=0.4536kg（公斤）
1kg（公斤）=2.2046P（磅）

图 2-49　锤子的类型与规格

2.12.2　锤子的使用注意事项

锤子的外形、特点与使用注意事项如图 2-50 所示。

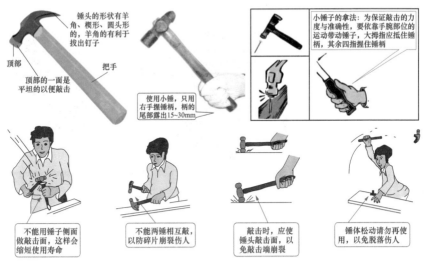

图 2-50　锤子的外形、特点与使用注意事项

锤子的操作规范如下（见图 2-51）：

（1）使用锤子、大锤时严禁戴手套，手与锤柄均不得有油污。

（2）甩锤方向附近不得有人停留。

（3）锤柄一般需要采用胡桃木、檀木或蜡木等，不得有虫蛀、节疤、裂纹等异常现象。

图 2-51　正确的握锤与手挥挥锤方法

（4）锤子的端头内要用楔铁楔牢，并且使用中需要经常检查，一旦发现木柄有裂纹，则需要及时更换。

锤头有圆有方，质量有大有小，2000g 以上的称为大锤。使用大锤时，右手在前，左手在后，两手紧握锤柄。并且以大锤的锤柄与和右（左）臂加起来的长度为半径，以自己的身体为中心，平举右（左）手臂向前、后、左、右各转一圈，当没有受到任何东西的阻碍时，才说明使用大锤的区域是安全的。使用较大锤子时（例如中锤）一定要握紧，先对准需要打击的零件轻轻打击两下，然后再用力。

随时检查锤柄是否松动，防止锤头飞出伤及自己。他人。锤头最好加楔子将锤头与锤柄楔牢。手锤用完后，擦拭干净妥善保管

一般人习惯用右手，因此使用大锤时，右手在前，左手在后。如果左手在前，右手在后，操作不好用力

多层建筑大多是砖混结构，屋内每道墙基本是承重墙，装饰时不可以敲墙。框架剪力墙结构的高层住宅的屋内大部分的墙是后来砌上的，一般可以敲墙。其隔断墙与剪力墙的鉴别如下：先用锤子砸几下，如果能砸动，并且出现红砖（或空心砖），说明可能是隔断墙，可以敲墙。因为剪力墙一般是混凝土现浇，砸起来费劲，而隔断墙容易砸一些

图 2-52　锤子和大锤的使用方法

2.13 ◈ PVC 剪刀

一种 PVC 断管钳是由钳身、钳牙、中轴、销轴、手柄组成，其特征是：钳牙呈鸭嘴型切断刀，在钳牙下端中间有个轴，在中轴上有一弹簧；手柄与钳身通过销轴固定连接在一起，中轴通过销轴固定连接在钳身及手柄上，如图 2-53 所示。PVC 剪刀适用范围如图 2-54 所示。

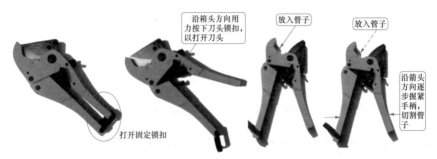

图 2-53 PVC 剪刀外形结构

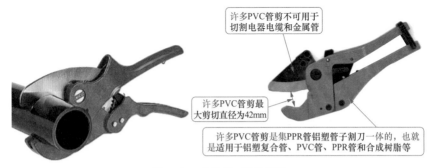

图 2-54 PVC 剪刀适用范围

2.14 PVC 电线管弯管器

2.14.1 PVC 电线管弯管器的外形结构

PVC 电线管弯管器的外形结构如图 2-55 所示。

PVC 电线管弯管器又称弯管弹簧，其有多种规格，需要根据电线管规格来选择（见图 2-56）。弯管弹簧的特点与有关要求：

（1）弯管器分为 205 号弯管器、305 号弯管器。其中，205 号弯管器适合轻型线管。305 号弯管器适合中型线管。

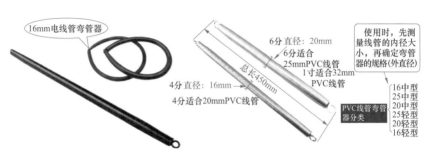

图 2-55 PVC 电线管弯管器的外形结构

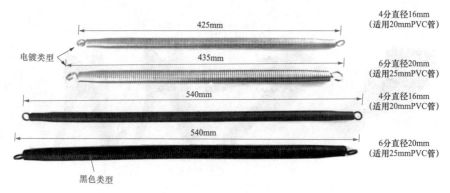

图 2-56　PVC 电线管弯管器的规格

（2）4 分电线管外径为 16mm，壁厚为 1mm 的，需要选用 205 号弯管器，弹簧外径为 13mm。

（3）4 分电线管外径为 16mm，壁厚为 1.5mm 的，需要选用 305 号弯管器，弹簧外径为 12mm。

（4）4 分 PVC 电线管弯管器可以选择直径为 13.5mm、长度为 38cm。

（5）6 分电线管外径为 20mm，有壁厚为 1mm 的，需要选用 205 号弯管器，弹簧外径为 17mm。

（6）6 分电线管外径为 20mm，有壁厚为 1.5mm 的，需要选用 305 号弯管器，弹簧外径为 16mm。

（7）6 分管 PVC 电线弯管器可以选择直径为 16.5mm、长度为 41cm。

（8）1 寸电线管外径为 25mm，有壁厚为 1mm 的，需要选用 205 号弯管器，弹簧外径为 22mm。

（9）1 寸弯管器可以选择直径为 21.5mm、长度为 43cm。

（10）32mm 的 PVC 电线管弯管器可以选择直径为 28mm、长度为 43mm。

（11）4 分弹簧（直径 16mm）一般比 6 分弹簧（直径为 20mm）要贵一些。

（12）另外，还有加长型的弯管器。加长型的弯管器长度达到 410、450、510、540mm 等长度。

（13）PVC 电线管有厚有薄，厚的电线管又称中型线管，需要选择直径比较小的弹簧。薄的电线管又称轻型线管，需要选择直径比较粗的弹簧。

2.14.2　PVC 电线管弯管器的使用

PVC 电线管弯度幅度不能够太大，否则会直接弯折线管。使用 PVC 电线管弯管器的方法如下：首先插入弯管弹簧到 PVC 电线管内部相应要扳弯的地方位置，再慢慢扳弯到想要的角度，然后取出弹簧。这样既可以避免弯折损坏线管，又能够达到弯折线管的目的。

PVC 弯管弹簧一般不适用铝塑管的弯折。

弯管时能够保证一定的角度，弯折处平滑，转角处没有明显折痕，抽线应自然顺畅

如出现折痕，需要更换线路时，抽出电线不容易

图 2-57　PVC 电线管弯管器的使用

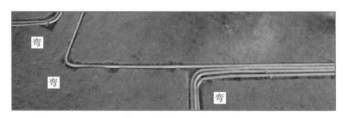

图 2-58　PVC 电线管的扳弯举例

2.15　梯子

梯子是一种用于爬高的工具。使用梯子前的方法与注意事项（见图 2-59）：

梯子	类别：	四步梯	五步梯	三步梯	七步梯	二步梯	其他
	承重：	100kg	110kg	120kg	150kg	150kg以上	
	材质：	铝合金	铁	不锈钢	木梯	玻璃钢	其他

正确
梯子可以使用绳索等物件给予固定

正确
梯子必须按照75°的正确角度放置

图 2-59　使用梯子前的方法与注意事项相关图例

（1）使用梯子前，需要考虑是否有其他代替物，尽量不进行登高作业。如果必须使用梯子，则需要配合使用安全绳、安全帽、安全网进行作业。

（2）使用梯子需要确保在一个地方不要停留太久。

（3）梯子只适用于轻型劳动。

（4）梯子需要配有把手。

（5）要确保人员与其所携带的物件不得超过梯子的最高负荷。

（6）使用梯子需要确保将工具放在工具袋内或可用绳索吊升，不可以用抛接的方式直接用手去拿。

（7）使用前，需要检查梯子、踏板有无变形、损坏，螺栓有无松动，折梯的固定拉杆是否有效固定，防滑垫是否脱落，梯子表面/零配件/绳子等是否存在裂纹/磨损/影响安全的损伤等异常现象。如果有损坏，则需要立即修复或更新。

（8）如果发现梯子使用高度超过5m，则需要在梯子中上部设立拉线。

（9）检查所有梯脚与地面接触是否良好，以防打滑。梯子必须放在平坦坚固的地面，保持水平。禁止放在滑的地表面上。禁止将梯子摆放在盒子上、不安全物体上、摊位或上升的工作平台上。

（10）使用梯子不得随意添加其他的结构件。

（11）梯子可以使用绳索等物件给予固定。

（12）梯子放在通道上时，需要围篱或挂牌标示。放在门后时，除围篱标示外还需要将门上锁，避免有人突然开门撞倒。

（13）凡是身体疲倦、服用药物、饮酒或有体力障碍时，严禁使用梯子。

（14）因金属梯子导电，所以避免靠近带电场所。

（15）尽量选择有横档锁，以及结构坚固和维护良好的梯子。

（16）坠落距离等于或高于2m时，不要使用梯子。

（17）梯子必须按照75°的正确角度放置。

使用梯子时的方法与注意事项（见图2-60）：

▶ 2.16 ▍手锯

电工常见的手锯由锯弓和锯条组成，其外形与结构如图2-61、图2-62所示。使用手锯的方法与注意事项如下：

（1）使用手锯要先将锯条安装好，注意锯条的锯齿斜向方向朝向锯的前进方向。再将锯条用锯弓上的蝴蝶扣扣紧。

（2）使用手锯应在锯条上涂抹一层机油，这样可以增加锯条运行时的润滑性。

图 2-60　使用梯子的方法与注意事项

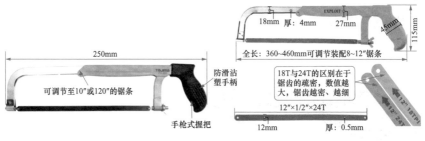

图 2-61　手锯的外形与结构（一）

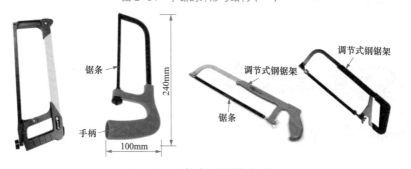

图 2-62　手锯外形与结构（二）

（3）起锯压力要轻，动作要慢，推锯要稳。运锯要向前推时要用力，往回拉时不要用力，锯口要由短逐渐变长。

（4）切锯圆管道时，需要先锯透一段管壁，再转动管子，以及沿管壁继续锯割，以避免锯条被管壁夹住、损坏。

▶ 2.17 ⫶ 电烙铁

2.17.1   电烙铁的特点

电工强电焊接一般需要选择大功率的电烙铁。电工弱电焊接一般需要选择小功率的电烙铁（见图 2-63）。

电烙铁是熔解锡进行焊接的一种工具，其一般分为外热式电烙铁、内热式电烙铁（见图 2-64）。电烙铁与焊锡丝是线材制作不可缺少的工具。音频接插头的焊接，一般选择 30W 的电烙铁。如果选择电烙铁的功率过低，则不易熔化焊锡丝。如果选择电烙铁的功率过高，则容易烫坏接插头内部的塑胶绝缘材料。焊锡丝一

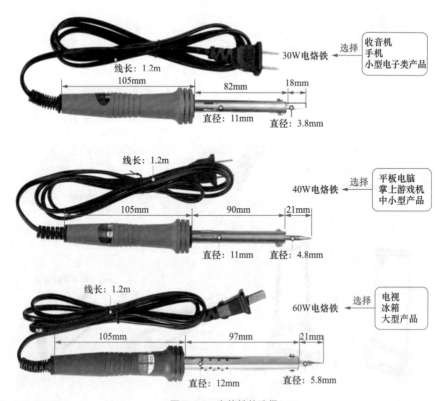

图 2-63　电烙铁的选择

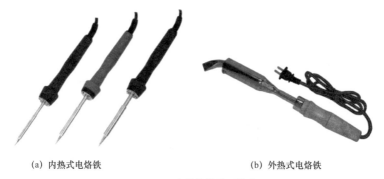

(a) 内热式电烙铁　　　　　　　　(b) 外热式电烙铁

图 2-64　电烙铁的外形特点

般选用含锡量在 67% 以上的，并且选择带松香的焊锡丝。焊接时，使用松香或焊锡膏作为助焊剂。

电烙铁常需要的配件与焊接需要的焊锡膏、焊锡丝如图 2-65 所示。

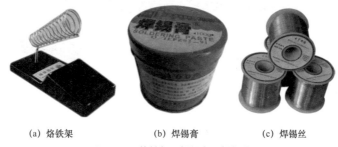

(a) 烙铁架　　　　　(b) 焊锡膏　　　　　(c) 焊锡丝

图 2-65　烙铁架、焊锡膏、焊锡丝

2.17.2　电烙铁的使用

电烙铁的使用如图 2-66 所示。

多股导线镀锡要点：

（1）剥导线头的绝缘皮不要伤线芯。

（2）保持导线镀锡处清洁。

（3）镀锡前，要把多股导线绞合，绞合时旋转角一般为 30°～40°，旋转方向应与原线芯旋转方向一致。

（4）绞合完成后，再将绝缘皮剥掉。

（5）涂焊剂镀锡要留有余地。

（6）镀锡前要将导线蘸松香水，也可将导线放在有松香的木板上用烙铁给导线上一层焊剂，同时镀上焊锡。

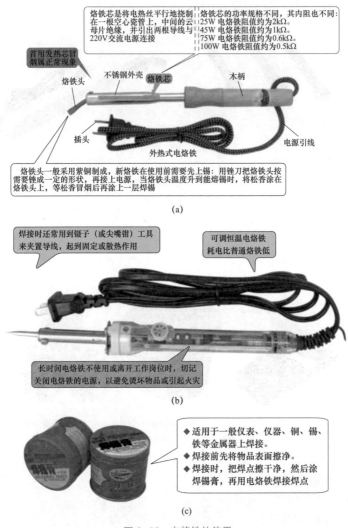

图 2-66 电烙铁的使用

（7）不要让锡浸入到绝缘皮中，一般在绝缘皮前留 1~3mm 间隔使之没有锡。这样有利于穿套管，便于检查导线有无断股，保证绝缘皮端部整齐。

电烙铁的使用注意事项见图 2-67：

（1）新电烙铁使用前需要上锡，具体方法是：首先将电烙铁烧热，待刚能熔化焊锡时，涂上助焊剂，然后用焊锡均匀地涂在烙铁头上，使烙铁头均匀的吃上一层锡。

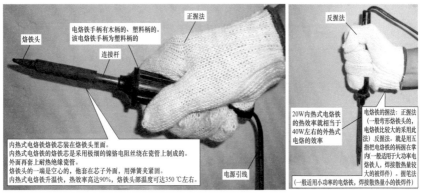

图 2-67　使用电烙铁的注意事项

（2）电烙铁应放在烙铁架上。

（3）焊接时间不宜过长，以免烫坏元件，必要时可用镊子夹住相关管脚帮助散热。

（4）掌握好电烙铁的温度，当在铬铁上加桦香冒出柔顺的白烟，而又不"吱吱"作响时为焊接最佳状态。

（5）焊点需要呈正弦波峰形状，表面需要光亮圆滑、无锡刺、锡量适中。

（6）电烙铁需要可靠接地，或断电后利用余热焊接。

（7）焊接完成后，需要做清洗处理。

2.18　吸锡器

吸锡器的作用是把多余的锡除去，常见的有自带热源的吸锡器、不带热源的吸锡器、单手吸锡器、吸锡泵、手动轻型吸锡器等。吸锡器的主要分类见图 2-68，外形如图 2-69 所示。

电动真空吸锡枪的外观有的呈手枪式结构，其主要由真空泵、加热器、吸锡头、熔锡室等组成。其是集电动、电热吸锡于一体的新型除锡工具。使用时，首先把吸锡器活塞向下压到卡住。然后用电烙铁加热焊点到焊料熔化。同时，按动吸锡器按钮，迅速把锡吸走（见图 2-70、图 2-71）。

如果一次吸不干净，则可以重复操作多次。

手动吸锡器使用方法：胶柄手动吸锡器的里面一般有一个弹簧，使用时先把吸锡器末端的滑杆压入，直到听到咔声，则说明吸锡器已被固定。然后用烙铁对接点加热，使接点上的焊锡熔化，同时将吸锡器靠近接点，再按下吸锡器上面的按钮即可将焊锡吸上。如果一次没有吸干净，则可以重复上述步骤。

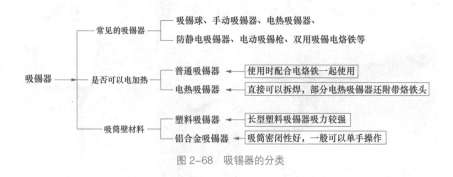

图 2-68　吸锡器的分类

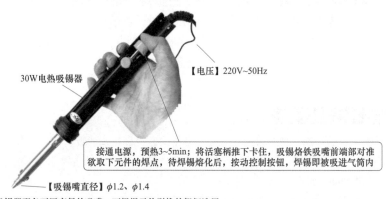

图 2-69　吸锡器的外形

30W电热吸锡器

【电压】220V~50Hz

接通电源，预热3~5min；将活塞柄推下卡住，吸锡烙铁吸嘴前端部对准欲取下元件的焊点，待焊锡熔化后，按动控制按钮，焊锡即被吸进气筒内

——【吸锡嘴直径】φ1.2、φ1.4
吸锡器配备不同直径的吸嘴，可根据元件引线的粗细选用

将吸锡器活塞推杆按图示方向拉起，使定位按钮组件与储锡筒分离

提起

拉出

松开储锡筒上的固定螺钉，将储锡筒取出清理储锡筒内的锡渣。
将吸嘴按逆时针方向旋动，可将吸嘴卸下

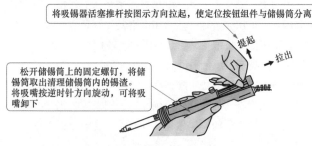

图 2-70　吸锡器的使用方法（一）

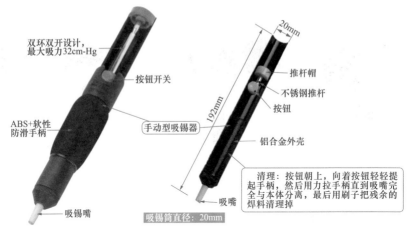

双环双开设计，
最大吸力32cm-Hg

按钮开关

ABS+软性
防滑手柄

手动型吸锡器

吸锡嘴

20mm

推杆帽

不锈钢推杆

按钮

铝合金外壳

清理：按钮朝上，向着按钮轻轻提
起手柄，然后用力拉手柄直到吸嘴完
全与本体分离，最后用刷子把残余的
焊料清理掉

吸嘴

吸锡筒直径：20mm

图 2-71　吸锡器的使用方法（二）

2.19　热风枪

热风枪主要用途见表 2-6。热风枪的外形与结构如图 2-72 所示。

表 2-6　　　　　　　　　　　　　　　热风枪主要用途

名称	解说
热收管	（1）用于 PE 热缩管、PVC 热缩管、带胶双壁热缩管的连接及收缩； （2）用于聚氯乙烯管子的热收缩； （3）用于电线终端、热缩套管 / 膜等的热收缩
除锈	热风枪可解除生锈
预热	用于小型金属预热，以及松弛紧固件（螺母及金属螺钉）、机器体的预热
成型	（1）用于聚氯乙烯、聚丙乙烯的成型，使用温度一般约为 300℃； （2）用于高温塑胶； （3）连接聚氧脂塑胶管； （4）木材定型：将浸湿后的木材，用热风枪吹干成型
烘干	（1）快速烘干胶水； （2）烘干加装于建筑物内的隔声体或封口处
起漆	（1）铲除旧有的油漆及厚油漆或亮漆； （2）起漆及清除墙上的泥灰
粘结剂的处理	（1）加速胶水挥发作用； （2）加速粘贴过程，缩短粘贴物装置时间； （3）粘贴物上的条纹可以热烫平； （4）可以清除粘贴物
解冻	（1）输水管的解冻； （2）结霜或结冰物的解冻
焊锡	焊锡（60% 锡 /40% 铅），也适应银焊接或熔点 400℃的焊接

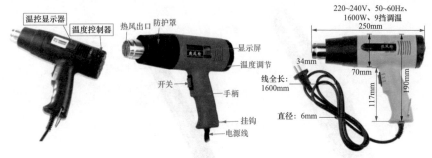

图 2-72　热风枪的外形与结构

2.20　电动工具的选择

电动工具的分类如图 2-73 所示。

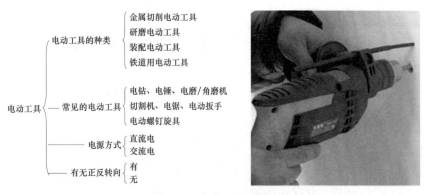

图 2-73　电动工具的分类

选择电动工具的步骤：

（1）首先明确想进行什么工作——拧紧螺栓、切割、探测、钻孔、砂磨、拧紧螺钉等。

（2）然后明确在哪种材料上进行作业——混凝土、金属、石材、木材、其他。

（3）然后选择相应的电动工具：

1）普通电钻——钻孔、木材 / 金属。

2）冲击电钻——钻孔、混凝土。

3）切割机——切割、陶瓷 / 金属。

4）电动螺钉旋具——拧紧螺钉。

5）电动扳手——拧紧螺栓 / 螺母。

（4）根据选择的电动工具种类，再选择该类电动工具具体的规格、特点、品牌，并且参考工具的价格，进行最终的选择。

2.21 墙壁开槽机

2.21.1 墙壁开槽机的外形与特点

墙壁开槽机的外形与结构如图 2-74 所示。

墙壁开槽机是砖墙表面、地面铣沟槽用的一种电动工具。墙壁开槽机是常用的水电开槽机。墙壁开槽机包括砖墙开槽机、混凝土开槽机。墙壁开槽机现已发展到第 6 代。

有的水电开槽机可以通过增减锯片（刀片）的数量实现开槽宽度的调节（见图 2-75）。使用中，合适的开槽宽度能提高开槽的效率，以及延长水电开槽机的使用寿命。

根据需要切割不同的尺寸，选择适合的刀具。选择直径 106mm 刀片，可以切割 25mm×25mm 的槽。选择直径 127mm 的刀片，可切割 35mm×35mm 的槽。

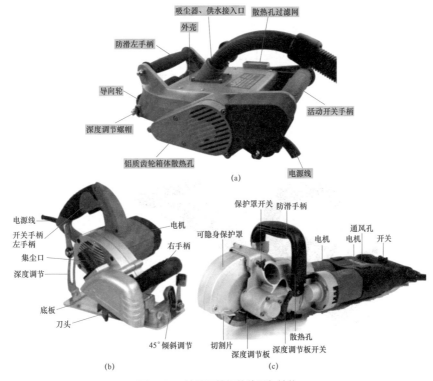

图 2-74　墙壁开槽机的外形与结构

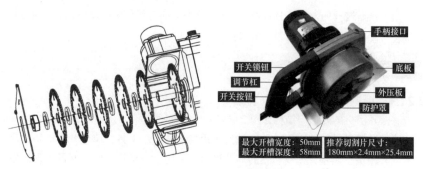

图 2-75 水电开槽机开槽的宽度

水电开槽机有 3 刀片、5 刀片等类型，根据实际情况选择。安装刀片时，刀片与刀片间需要留有间隙（加隔开环）

2.21.2 水电开槽机的使用注意事项

水电开槽机的外形尺寸如图 2-76 所示。

（1）作业时，需要戴上安全护目镜。作业时，需要将吸尘器连接好。

（2）不要将手指或者其他物品插入水电开槽机的任何开口地方，以免造成人身伤害。

（3）使用时，需要将前滚轮上的视向线对准开槽线。

（4）开槽中，一般尽量以平稳的速度将水电开槽机向前移动。

（5）维护水电开槽机前，需要将其电源切断，插头拔掉。

（6）不要将水电开槽机的任何部位浸入液体中。

（7）如果电动机开始发热，则需要停止切割，让水电开槽机冷却后，再重新

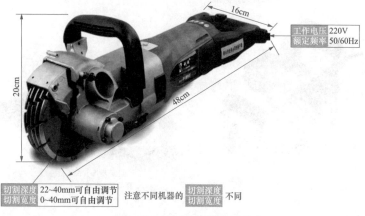

图 2-76 水电开槽机的外形尺寸

开始工作。

（8）开槽完毕后，刀具变得很热，需要让刀具冷却后再取下刀具。

（9）当水电开槽机刀具不锋利时，可以拆下来，有的刀具可以用砂轮机将其磨锋利。

（10）在有电的电缆线、煤气、天然气、自来水管道的墙体上作业时，需要注意避开。

2.22 电钻

电钻如图 2-77 所示。

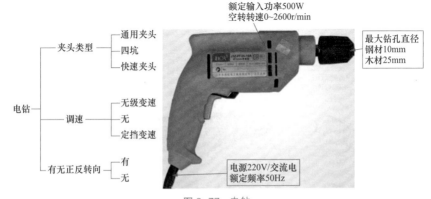

图 2-77　电钻

有的充电电钻可以用于在木头、金属、陶瓷与塑料上钻孔，带有电子速度控制和左 / 右旋转功能的工具。另外，也适用于旋拧螺钉和螺纹切削（见图 2-78）。充电电钻配合不同的钻头可以实现不同的应用（见图 2-79）。

选择电钻需要注意夹头类型（例如通用夹头）、最大夹持能力（例如 13mm）、电源方式（例如交流电）、有无正反转向功能、调速特点（例如无级变速）等。

锤钻的特点、选择、应用方法与要点如图 2-80 所示。

钻的功能一般用于在金属木头等材质上钻孔。

锤的功能一般用于在墙上或地上开线槽。

锤钻从型号上分为 20、24、26，指的是可匹配最大的钻头的直径（以毫米为单位）。

锤钻从功能上可分为二用（钻，锤钻）和三用（钻，锤，锤钻）。

锤钻常见附件如图 2-81 所示。

根据材质，钻头分为高速钢钻头、硬质合金钻头、钨钢钻头。

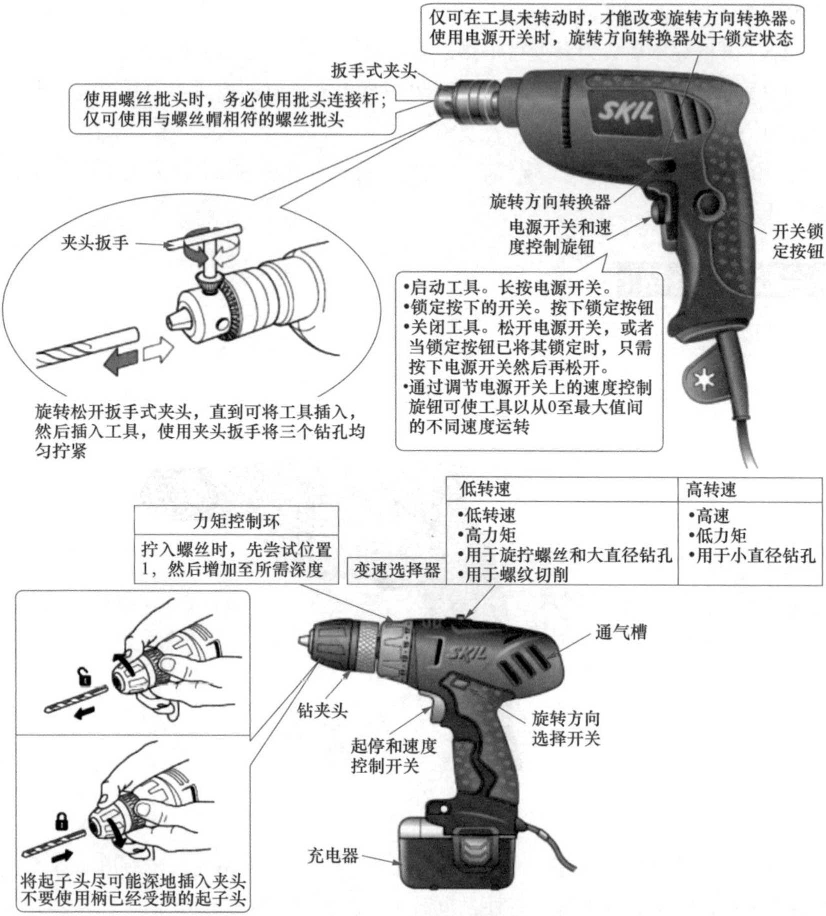
仅可在工具未转动时，才能改变旋转方向转换器。
使用电源开关时，旋转方向转换器处于锁定状态
扳手式夹头
使用螺丝批头时，务必使用批头连接杆；
仅可使用与螺丝帽相符的螺丝批头
旋转方向转换器
电源开关和速度控制旋钮
开关锁定按钮
夹头扳手
•启动工具。长按电源开关。
•锁定按下的开关。按下锁定按钮
•关闭工具。松开电源开关，或者当锁定按钮已将其锁定时，只需按下电源开关然后再松开。
•通过调节电源开关上的速度控制旋钮可使工具以从0至最大值间的不同速度运转
旋转松开扳手式夹头，直到可将工具插入，然后插入工具，使用夹头扳手将三个钻孔均匀拧紧
低转速
•低转速
•高力矩
•用于旋拧螺丝和大直径钻孔
•用于螺纹切削
高转速
•高速
•低力矩
•用于小直径钻孔
力矩控制环
拧入螺丝时，先尝试位置1，然后增加至所需深度
变速选择器
通气槽
钻夹头
旋转方向选择开关
起停和速度控制开关
充电器
将起子头尽可能深地插入夹头
不要使用柄已经受损的起子头

图 2-78　充电电钻的特点、选择、应用方法与要点

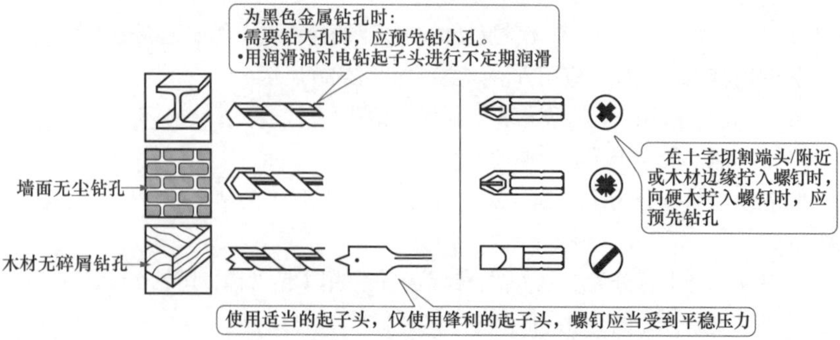
为黑色金属钻孔时：
•需要钻大孔时，应预先钻小孔。
•用润滑油对电钻起子头进行不定期润滑
墙面无尘钻孔
木材无碎屑钻孔
在十字切割端头/附近或木材边缘拧入螺钉时，向硬木拧入螺钉时，应预先钻孔
使用适当的起子头，仅使用锋利的起子头，螺钉应当受到平稳压力

图 2-79　电钻配合不同的钻头可以实现不同的应用

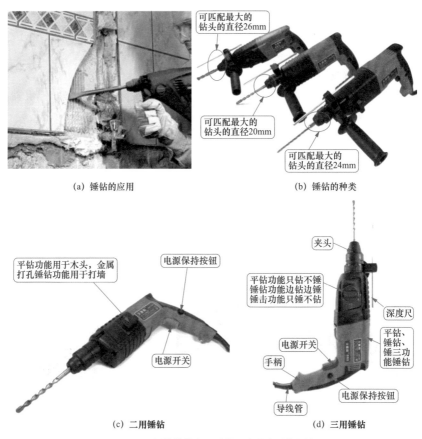

（a）锤钻的应用

（b）锤钻的种类

可匹配最大的钻头的直径26mm

可匹配最大的钻头的直径20mm

可匹配最大的钻头的直径24mm

平钻功能用于木头，金属打孔锤钻功能用于打墙

电源保持按钮

电源开关

（c）二用锤钻

夹头

平钻功能只钻不锤锤钻功能边钻边锤锤击功能只锤不钻

深度尺

平钻、锤钻、锤三功能锤钻

电源开关

手柄

电源保持按钮

导线管

（d）三用锤钻

图 2-80　锤钻的特点、选择、应用方法与要点

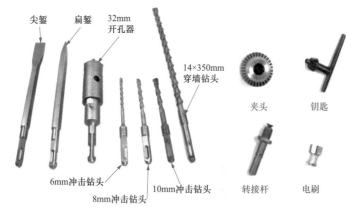

尖錾　扁錾　32mm开孔器

14×350mm穿墙钻头

夹头　钥匙

6mm冲击钻头

8mm冲击钻头

10mm冲击钻头

转接杆　电刷

图 2-81　锤钻常见附件

3、6、7mm 麻花钻头——钻木头、金属、塑料。

6mm 玻璃钻头——钻玻璃。

6、8mm 冲击钻头——钻墙。

批头——旋螺钉。

空心钻头顾名思义就是没有钻芯的钻头。空心钻头又称取芯钻头、开孔器。空心钻头常用的柄型有直柄、通用柄。

现在的手电钻一般都有调速的功能，小的钻头高转速，则操作时需要手上的压力就小一点。3mm 以上的钻头要低转速，大压力。如果 3mm 以上的钻头用高转速，会使钻头发红，导致没有刚性。

钻头钻铁时，如果钻头没有刚性，可以通过磨掉一段，实现修整。如果钻头钝了，需要及时打磨钻头，应始终保持钻头的锋利。

有的多功能电钻可以在普通墙面冲击钻孔、在陶瓷砖上钻孔、在家具木板上钻孔、在铁件钢板上钻孔、拧紧及旋松螺钉等多种用途（见图 2-82）。

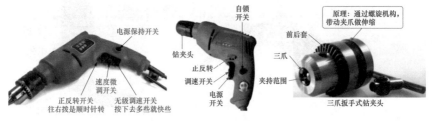

图 2-82 多功能电钻的特点、选择、应用方法与要点

把电钻转换为角磨机可以选择相应的配件即可实现，从而使得拥有一台电钻相当于再拥有一台角磨机（见图 2-83、图 2-84）。

冲击电钻的使用注意事项：

（1）使用时需戴护目镜。

（2）冲击电钻不宜在空气中含有易燃、易爆成分的场所使用。

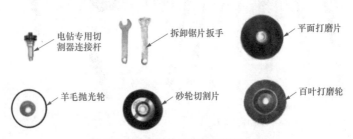

图 2-83 电钻转换为角磨机需要的配件

（3）不要在雨中、潮湿场所和其他危险场所使用工具。

（4）使用前，需要检查冲击电钻是否完好，电源线是否有破损，电源线与机体接触处是否有橡胶护套。如果异常，则不能使用。

（5）根据额定电压接好电源，选择好合适钻头，调节好按钮。

图 2-84　最终效果

（6）钻孔前，先打中心点，避免钻头打滑偏离中心。这样可以引导钻头在正确的位置上。也在可以先在钻孔处贴上自粘纸，以防钻头打滑。

（7）接通电源前，不要将开关置于接通并自锁位置。另外，使用冲击电钻需要安装漏电保护器。

（8）接通电源后再启动开关。

（9）作业时，需要掌握好冲击电钻手柄。

（10）钻孔时，先将钻头抵在工作表面，然后开动冲击电钻。注意用力要适度，避免晃动。如果转速急剧下降，则需要减少用力，防止电动机过载。

（11）冲击电钻为 40% 断续工作制，因此，不得长时间连续使用冲击电钻。

（12）作业孔径在 25mm 以上时，需要有稳固的作业平台，并且周围需要设护栏。

（13）钻孔时，严禁用木杠加压操作冲击电钻。钻孔时，需要注意避开混凝土中的钢筋。

（14）冲击电钻为双重绝缘设计，使用时不需要采用保护接地（接零），使用单相二极插头即可。使用冲击电钻时，可以不戴绝缘手套或穿绝缘鞋。因此，需要特别注意保护橡套电缆。

（15）手提冲击电钻时，必须握住冲击电钻手柄。移动冲击电钻时不能拖拉橡套电缆。冲击电钻橡套电缆不能让车轮轧辗、足踏，并且要防止鼠咬。

（16）使用冲击电钻时，开启电源开关，需要使冲击电钻空转 1min 左右以检查传动部分与冲击结构转动是否灵活。待冲击电钻正常运转后，才能够进行钻孔、打洞。

（17）当冲击电钻用于在金属材料上钻孔时，需将锤钻调节开关打到标有钻的位置上。当冲击电钻用于混凝土构件、预制板、瓷面砖、砖墙等建筑构件上钻孔、打洞时，需将锤钻调节开关打到标有锤的位置上。

（18）使用时要注意防止铁屑、沙土等杂物进入电钻内部。

（19）冲击电钻的塑料外壳要妥善保护，不能碰裂，不能与汽油及其他腐蚀溶剂接触。

（20）冲击电钻内的滚珠轴承与减速齿轮的润滑脂应经常保持清洁，注意添换。

（21）冲击电钻使用完毕，需要将其外壳清洁干净，将橡套电缆盘好，放置在干燥通风的场所保管。

（22）需要长时间作业时，才按下开关自锁按钮。

（23）使用时，有不正常的杂音需要停止使用。

（24）使用时，如果发现转速突然下降，需要立即放松压力。

（25）钻孔时突然刹停，应立即切断电源。

（26）移动冲击电钻时，必须握持手柄，不能拖拉电源线，防止擦破电源线绝缘层。

（27）钻头使用后，应立即检查有无破损、钝化等不良情况，如果有，需要研磨、修整、更换。

（28）存放钻头需要对号入座，以便取用方便。

（29）钻通孔时，当钻头即将钻透一瞬间，扭力最大，此时需较轻压力慢进刀，以免钻头因受力过大而扭断。

（30）钻孔时，需要充分使用切削，并且注意排屑。

（31）钻交叉孔时，需要先钻大直径孔，再钻小直径孔。

（32）冲击电钻的冲击力是借助于操作者的轴向进给压力而产生的，因此，需要根据冲击电钻规格的大小而给予适当的压力。

（33）在建筑制品上冲钻成孔时，必须用镶有硬质合金的冲击钻头。

（34）为保持钻头锋利，使用一段时间后必须对钻头进行修磨。

（35）冲击电钻钻头的尾部形状有直柄（直径不大于13mm）与三棱形，无论何种形式，钻头插入钻夹头后均需要用钻夹头钥匙轮流插入三个钥匙定位孔中用力锁紧。

（36）操作时应将钻头垂直于工作面，并避开钢筋、硬石块。

（37）操作过程中不时将钻头从钻孔中抽出以清除灰尘。

（38）为使冲击电钻能正常使用，要经常进行维护。

（39）在室外或高空作业时，不要任意延长电缆线。

（40）工具用毕后，应放在干净平整的地方，防止垃圾中的锐器扎坏工具。

（41）对长期搁置不用的冲击电钻，使用前应首先进行绝缘电阻检查。

2.23 电锤

2.23.1 认识电锤

电锤主要是用来在大理石、混凝土、人造石料、天然石料及类似材料上钻孔的一种用电类工具，其具有内装冲击机构，进行冲击带旋转作业的一种锤类工具。电锤的外形与特点如图2-85、图2-86所示。

电锤与冲击电钻的差异：

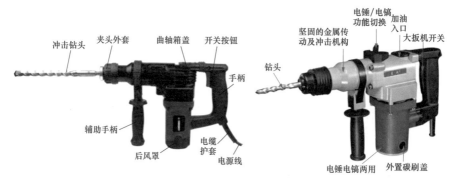

图 2-85　电锤的外形与特点（一）

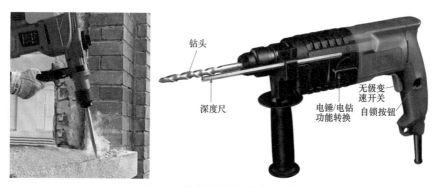

图 2-86　电锤的外形与特点（二）

（1）电锤比冲击电钻钻的孔要大，电锤可以适合 30mm 以上大口径的孔。冲击电钻适用于 25mm 左右小口径，以及钻进深度短等条件下的作业，例如安装膨胀螺栓等。如果是 6~700W 的冲击电钻，能钻多大的孔，则需要根据其配套的钻头的大小来定，一般情况下孔的最大直径在 5cm 左右。

（2）电锤是以冲击为主，钻削为辅的手持式凿孔工具，由于其冲击功率较大，适于在混凝土上凿孔，也能在其他脆性材料上凿孔，并有较高的生产效率。因此，在混凝土上凿孔需要选用电锤，而不选用冲击电钻。

（3）冲击电钻一般情况下是不能用来当作电钻使用的，主要原因为：

1）冲击电钻在使用时方向不易把握，容易出现误操作，开孔偏大。

2）钻头不锋利，使所开的孔不工整，出现毛刺、裂纹等异常现象。

3）有的冲击电钻上即使有转换开关，但是，效果还是不理想，因此尽量不用冲击电钻当作电钻使用。

（4）电锤振动大，对周边构筑物有一定程度的破坏。冲击电钻对周边构筑物的破坏作用小。

（5）电锤是依靠旋转、锤打来工作的，其单个锤打力非常高，具有每分钟1000~3000次的锤打频率，并且产生的力是显著的。冲击电钻是依靠旋转、冲击来工作的，其单个冲击是轻微的，每分钟40000多次的冲击频率可产生连续的冲击力。

（6）电锤需要最小的压力来钻入硬材料，例如石头、混凝土。冲击电钻可用于天然的石头、混凝土的钻孔，但是，其不需要压力。

2.23.2 电锤的选择

选择电锤的方法和要点见表2-7。

表2-7　　　　　　　　　　　　选择电锤的方法和要点

项目	解说
根据操作环境来选择	根据操作环境来选择电锤： （1）用于爬高与向上凿孔作业时，尽量选择小规格的电锤； （2）用于地面、侧面凿孔作业时，尽量选择大规格的电锤
经验法选择电锤	选择电锤时，首先需要确定经常钻孔的直径 D 大小，再用钻孔的直径 D 除以0.618得到的数值 D_1，这个 D_1 就作为最大钻孔直径来选择电锤。 例如，经常钻孔的直径为14mm左右（也就是钻孔的直径 D 大小），再用14除以0.618等于22.6，那么，选择22mm的电锤即可
选择两用电锤	如果购买电锤只是为了在对混凝土钻孔，不需要其他的任何功能，则可以选择单用电锤。如果考虑以后可能会需要使用电钻功能，则应选择电锤、电钻两用电锤。如果考虑以后可能需要使用电镐功能，则需要选择电锤、电镐两用电锤
根据功率来选择	如果家用，一般选购200W功率的电锤即可
根据钻头来选择	（1）电锤无论功率大小都可以换上相同规格的打穿墙洞的钻头，只是功率过小，会造成电锤损坏； （2）电锤有翼钻头，可用于打墙，例如孔径过大，可选装扩眼器； （3）电锤无翼钻头，可用来钻木材与金属； （4）打空调穿墙眼一般用有翼钻头加扩眼器； （5）如果是长期从事打穿墙孔工作，则需要选择水钻。这样眼孔整齐、工作量小，但需要注意：水钻不好控制，需要专业人员操作
根据作业性质、对象和成孔直径来选择	用电锤在混凝土建筑物上凿孔，一般会使用金属膨胀螺栓，为此，可以根据成孔直径来选择电锤： （1）成孔直径在12~18mm，可以选用16mm、18mm规格的电锤； （2）成孔直径在18~26mm，可以选用22mm、26mm规格的电锤； （3）成孔直径在26~32mm，可以选用38mm规格的电锤。 　　另外，选择电锤还需要考虑作业性质、对象： （1）在混凝土构件上进行扩孔作业时，需要选用大规格的电锤； （2）在混凝土构件表面进行打毛、开槽等作业，需要选用大规格的电锤，具体如下： 1）在2级配混凝土上凿孔时，需要根据凿孔的直径来选用相应规格的电锤； 2）在3级配及3级配以上的混凝土上凿孔时，根据电锤规格需要大于凿孔的直径来选择； 3）瓷砖、红砖、轻质混凝土上使用电锤凿孔时，需要选用16、18mm等规格的电锤。 说明：大规格的电锤质量较重，打孔速度与效率都高一些。 （3）一些不是很坚硬的材料上作业，可以选择小规格的电锤； 说明：小规格的电锤输出功率小、冲击功小、冲击频率高，能使成孔圆整、光洁。 （4）电锤的冲击力远大于普通冲击钻，因此，要求穿墙的作业需要选择电锤

2.23.3 用电锤在瓷砖上打孔的方法和要点

（1）首先把电锤调整到冲击打孔挡，并且装好适合的钻头，再接通电源后，先按下电锤开关试一下，看是否在冲击打孔挡。正确无误后，确定打孔部位，做好标记，并且把钻头对准打孔标记，然后轻按开关让电锤低速旋转（此时绝对不要用力按开关），等瓷砖墙面有凹洞时，再稍用力按开关让转速稍微快一点，并且要用力往前推把力量集中在钻头上。如果瓷砖已经被打穿，才可以把开关用力按到底，让电锤高速转起来直到要打出孔的深度。

（2）在瓷砖地面上打孔，也是装上冲击钻头，调到冲击挡，开始电锤一定要慢转速，等瓷砖上有凹洞时，才能够慢慢提高转速。

（3）新手用电锤在瓷砖上打孔时，往往速度控制不好，会出现打裂瓷砖的现象。因此，可先用陶瓷钻头，调到电钻挡位打穿瓷砖表面，再换用冲击钻头，调到冲击挡位钻进混凝土。

（4）瓷砖的边角部位比较脆，电锤打孔时更容易裂，因此，尽量不要靠近瓷砖的边角打孔。

如果必须要在瓷砖的边角打孔，则可以首先选用玻璃钻头对瓷砖边角进行钻孔。

电锤的选择如图 2-87 所示。

使用电锤的注意事项如下：

（1）电锤需要间歇工作。

（2）电锤开关损坏，需要及时维修。

（3）电锤钝了的钻头需要刃磨。

（4）使用电锤需要采用吸尘或防尘装置。

（5）电锤的电刷是易损件，当磨损到一定程度或接近磨损极限时，会使电动机出故障，需要及时更换。

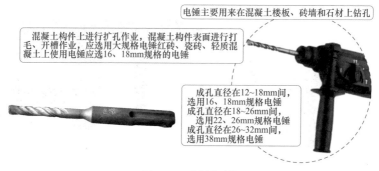

电锤主要用来在混凝土楼板、砖墙和石材上钻孔

混凝土构件上进行扩孔作业，混凝土构件表面进行打毛、开槽作业，应选用大规格电锤红砖、瓷砖、轻质混凝土上使用电锤应选16、18mm规格的电锤

成孔直径在12~18mm间，选用16、18mm规格电锤
成孔直径在18~26mm间，选用22、26mm规格电锤
成孔直径在26~32mm间，选用38mm规格电锤

图 2-87 电锤的选择

（6）使用弯曲的钻头，会使电动机过负荷面工况失常，以及降低作业效率。因此，如果发现此情况，需要立刻处理更换钻头。

（7）电锤作业产生冲击，易使电锤机身安装螺钉松动。因此，需要经常检查螺钉紧固情况，如果发现螺钉松了，需要立即重新拧紧。

（8）保护接地线是保护人身安全的重要措施。因此Ⅰ类器具（金属外壳）需要经常检查其外壳应有良好的接地。

（9）防尘罩旨在防护尘污浸入内部机构，如果防尘罩内部磨坏，需要立即更换。

电锤钻头有方柄钻头、圆柄钻头。电锤钻头规格一般用直径（mm）表示。

表 2-8　　　　　　　　　　　电锤钻头规格　　　　　　　　　　　（mm）

钻头规格	工作长度	长度	钻头规格	工作长度	长度	钻头规格	工作长度	长度
4	50	110	5.5	50	110	8	100	160
5	50	110	5.5	100	160	10	200	260
5	100	160	8	50	110	12	150	210

▷ 2.24 ⁞ 电镐

电镐外形如图 2-88 所示。电镐规格及有关参数如图 2-89 所示。

电镐功能就是钻头不转，只是前后冲击，可以在墙面、砖墙、石材、混凝土、沥青、公路铺层及类似材料以及建筑施工中用来压实与固结材料进行敲、凿、铲等。

电镐是仅有内装的冲击机构且轴向力不受操作者控制的冲击作业的锤类工具，电镐如果安装上适合的配件，也可以敲入螺钉或敲实疏松的材料。

电镐使用的注意事项：

（1）操作前，需要仔细检查螺钉是否紧固。

（2）操作前，需要确认凿嘴被紧固在相应规定的位置上。

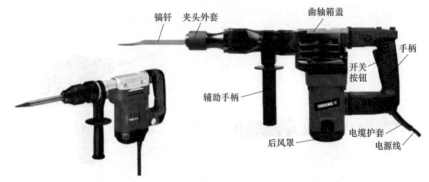

图 2-88　电镐外形

参考参数

功率(W)	冲击力(J)	锤击次数(次/min)	电压(V)	频率(Hz)
1750	15	3800	220	50
1950	17	3800	220	50

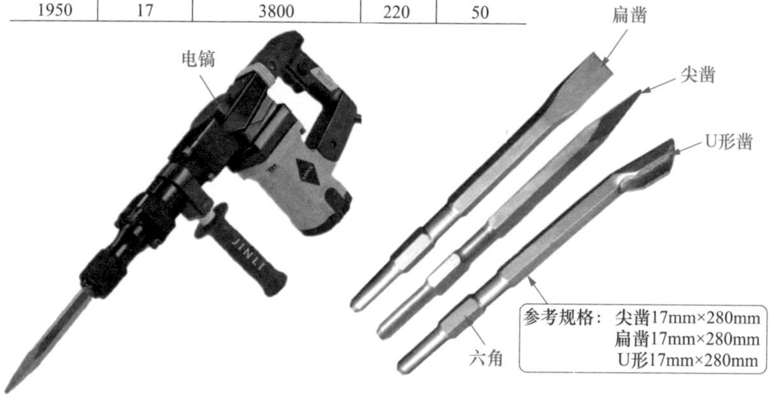

图 2-89　电镐规格及有关参数

（3）使用电镐前，需要注意观察电动机进风口、出风口是否通畅，以免造成散热不良损伤电动机定子、转子的现象。

（4）操作者操作时需要戴上安全帽、安全眼镜、防护面具、防尘口罩、耳朵保护具与厚垫的手套。

（5）在高处使用电镐时，必须确认周围、下面无人。

（6）凿削过程中不要将尖扁凿当作撬杠来使用，尤其是强行用电镐撬开破碎物体，以免损坏电镐。

（7）操作电镐需要用双手紧握。

（8）操作时，必须确认站在很结实的地方。

（9）电镐旋转时不可脱手。只有当手拿稳起电镐后，才能够起动工具。

（10）操作时，不可将凿嘴指着任何在场的人，以免冲头可能飞出去而导致人身伤害事故。

（11）当凿嘴凿进墙壁、地板或任何可能会埋藏的电线的地方时，决不可触摸工具的任何金属部位，握住工具的塑料把手或侧面抓手以防凿到埋藏电线而触电。

（12）操作完，手不可立刻触摸凿嘴或接近凿嘴的部件，以免烫坏皮肤。

（13）及时更换电刷，并且使用符合要求的电刷。

（14）电镐长期使用时，如果出现冲击力明显减弱时，一般需要及时更换活塞与撞锤上的 O 形圈。

（15）寒冷季节或当工具很长时间没有用时，需要让电镐在无负载下运转几分钟以加热工具。

2.25 石材切割机

石材切割机主要用于天然或人造的花岗岩、大理石及类似材料等石料板材、瓷砖、混凝土、石膏等材料的切割，其广泛应用于地面、墙面石材装修工程施工中。石材切割机的外形与特点如图 2-90 所示。

电动石材切割机使用注意事项：

（1）工作前，穿好工作服、戴好护目镜，如果是女性操作工人一定要把头发挽起戴上工作帽。如果在操作过程中会引起灰尘，可以戴上口罩或者面罩。

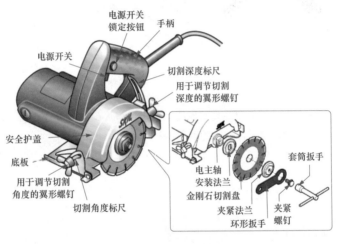

图 2-90　石材切割机的外形与特点

（2）工作前，要调整好电源刀开关与锯片的松紧程度，护罩和安全挡板一定要在操作前做好严格的检查。

（3）石材切割机作业前，需要检查金刚石切割片有无裂纹、缺口、折弯等异常现象，如果发现有异常情况，需要更换新的切割片后，才能够使用。

（4）检查石材切割机的外壳、手柄、电缆插头、防护罩、插座、锯片、电源延长线等应没有裂缝与破损。

（5）操作台一定要牢固，夜间工作时得有充足的光线。

（6）开始切割前，需要确定切割锯片已达全速运转后，方可进行切割作业。

（7）为了使切割作业容易进行，以及延长刃具寿命、不使切割场所灰尘飞扬，切割时需要加水进行。

（8）安装切割片时，要确认切割片表面上所示的箭头方向与切割机护罩所示方向一致，并且一定要牢牢拧紧螺栓。

（9）严禁在机器起动时，有人站在其面前。

（10）不能起身探过和跨过切割机。

（11）要会正确的使用石材切割机。

（12）在工作时，一定要严格按照石材切割机规定的标准进行操作。

（13）不能尝试切锯未夹紧的小零件。

（14）不得用石材切割机来切割金属材料，否则，会使金刚石锯片的使用寿命大大缩短。

（15）当使用给水时，要特别小心不能让水进入电动机内，否则将可能导致触电。

（16）不可用手接触切割机旋转的部件。

（17）手指要时刻避开锯片，任何的马虎大意都将带来严重的人身伤害。

（18）防止意外突然起动，将石材切割机插头插入电源插座前，其开关应处在断开的位置，移动切割机时，手不可放在开关上，以免突然起动。

（19）石材切割机使用时，应根据不同的材质，掌握合适的推进速度，在切割混凝土板时如遇钢筋应放慢推进速度。

（20）操作时应握紧切割机把手，将切割机底板置于工件上方而不使其有任何接触，试着空载转几圈，等到确保不会有任何危险后才开始运作，即可起动切割机获得全速运行时，沿着工件表面向前移动工具，保持其水平、直线缓慢而匀速前进，直至切割结束。

（21）切割快完成时，更要放慢推进速度。

（22）石材切割机切割深度的调节是由调节深度尺来实现的。调整时，先旋松深度尺上的蝶形螺母并上下移动底板，确定所需切割深度后，拧紧蝶形螺母以固定底板。

（23）有的石材切割机仅适合切割符合要求的石材。绝对不允许用蛮力切割石材，电动机的运转速度最佳时，才可进行切割。

（24）在切割机没有停止运行时，要紧握，不得松手。

（25）如果切割机产生异常的反应，均需要立刻停止运作，待检修合格后才能够使用。例如切割机转速急剧下降或停止转动、切割机电动机出现换向器火花过大及环火现象、切割锯片出现强烈抖动或摆动现象、机壳出现温度过高现象等，需要待查明原因，经检修正常后才能继续使用。

（26）瓷片切割机作业时，需要防止杂物、泥尘混入电动机内，并且随时观察机壳温度，如果机壳温度过高及产生电刷火花时，需要立即停机检查处理。

（27）瓷片切割机切割过程中用力要均匀适当，推进刀片时不得用力过猛。当发生刀片卡死时，需要立即停机，慢慢退出刀片。重新对正后，才可再切割。

（28）检修与更换配件前，一定要确保电源是断开的，并且切割机已经停止运作。

（29）停止运作后，需要拔掉总的电源。清扫干净废弃、残存的材料、垃圾。

石材切割机的使用如图 2-91 所示。

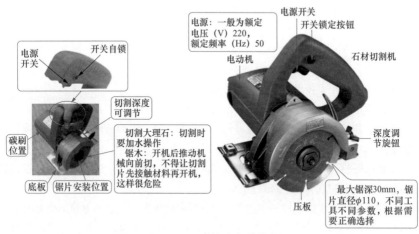

图 2-91　石材切割机的使用

常见切割片如图 2-92 所示，其中：

石材锯片可切割所有建材，比如灰泥、砖、混凝土等。

木锯片能切割木头、高密度板、塑料等材料。

金刚砂玻璃切割片适合操作玻璃的切割。

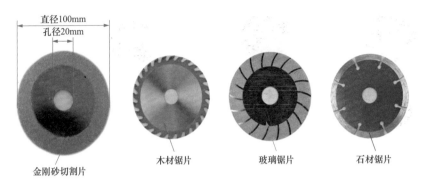

金刚砂切割片　　木材锯片　　玻璃锯片　　石材锯片

图 2-92　常见切割片

2.26　角磨机

　　电动手持角向磨光机的其他称呼有电动角向磨光机、手持角向磨光机、角向磨光机、磨光机、研磨机、盘磨机等。角向磨光机（简称角磨机）是转轴与电动机轴成直角，用圆周面与端面进行磨光作业的一种工具，其是利用高速旋转的薄片砂轮以及橡胶砂轮、钢丝轮等对金属构件进行磨削、切削、除锈、磨光加工的一种电动工具（见图 2-93）。

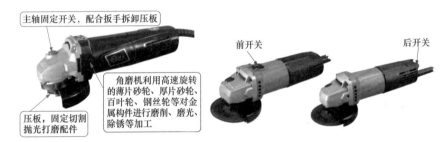

图 2-93　角磨机的外形与特点

　　角磨机常用配件及其用途如图 2-94 所示。角磨机的使用注意事项见图 2-95。

　　（1）不使用超过磨损标准的角磨机。

　　（2）只能够使用有效期内的角磨机。

　　（3）不使用有质地问题的角磨机。

　　（4）保持工作场地清洁、明亮。混乱与黑暗的场地会引发事故。

　　（5）不要在易爆环境下操作角磨机。

　　（6）使用必要的安全装置。

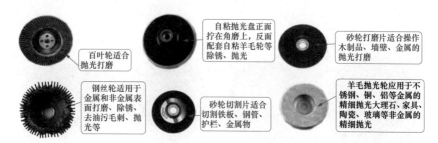

图 2-94　角磨机常用配件及其用途

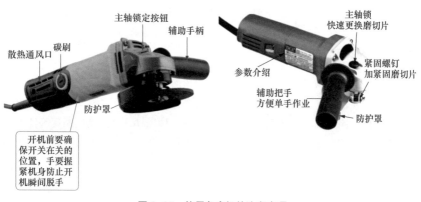

图 2-95　使用角磨机的注意事项

（7）不得滥用电线。

（8）当在户外使用角磨机时，使用适合户外使用的外接电线。

（9）根据用途使用角磨机，不要滥用。

（10）长头发操作者，一定要先把头发扎起。另外，着装要适当。

（11）使用前要仔细检查砂轮片，应无裂缝、裂口，砂轮出厂日期应在一年内，超过一年的，不宜使用。

（12）在使用角磨机进行作业前，应先检查砂轮片的旋转方向应与减速齿轮箱头部护罩上标示的箭头方向一致。

（13）操作角磨机时，需要让儿童与旁观者离开后才能够操作。

（14）操作角磨机时，不得分心。

（15）当操作角磨机时需要保持清醒。不得在疲倦情况下操作工具。

（16）避免突然起动。

（17）角磨机接通前，需要拿掉所有调节钥匙或扳手。

（18）如果提供了与排屑装置、集尘设备连接用的装置，需要确保它们连接完好且使用得当。

（19）角磨机插头必须与插座相配。

（20）避免人体接触接地表面，以免增加触电危险。

（21）不得将角磨机暴露在雨中或潮湿环境中。

（22）操作时，双手平握住机身，再按下开关。

（23）以砂轮片的侧面轻触工件，并平稳地向前移动，磨到尽头时，应提起机身，不可在工件上来回推磨，以免损坏砂轮片。

（24）如果角磨机转速快，振动大，操作时需要注意安全。

（25）进行任何调节、更换附件前，必须从电源上拔掉插头。

（26）操作时应双脚站稳。当在高处作业时应系好安全带，并确定下面无人。

（27）角磨机砂轮应选用增强纤维树脂型，其安全线速度不得小于 80m/s。

（28）角磨机配用的电缆与插头应具有加强绝缘性能，并不得任意更换。

（29）角磨机磨削作业时，应使砂轮与工件面保持 15°～ 30° 的倾斜位置。切削作业时，应使角磨机沿切割砂轮平面推进，不要左右横向摆动、移动，以免导致砂轮损坏。

（30）进行角磨机切割、研磨及刷磨金属与石材作业时不可使用水冷却。

（31）切割石材时必须使用引导板。

（32）打开开关后，要等砂轮转动稳定后才能够工作。

（33）不能用手拿住小零件利用角磨机进行加工。

（34）角磨机在高速前提下运作，为了不出现危险，在装备前需要检查，不该有裂纹等问题；为了使角磨运行平稳，运用前要进行平衡试验。

（35）操作角磨机时，切勿用强力。

（36）如果在磨削作业时发生工具掉落，一定要更换砂轮片。

（37）避免发生砂轮片弹跳与受阻现象，以防砂轮片失控而反弹，尤其是在进行角部或锐边等部位的加工作业时。

（38）角磨机严禁使用锯木锯片和其他锯片。因为角磨机使用这些锯片时会频繁弹起，易发生失控，造成人身伤害事故。

（39）如果角磨机运动部件被卡住、转速急剧下降或突然停止转动、异常推动或声响、温升过高或有异味，则必须立即切断电源，待查明原因，经检修正常后方可使用。

（40）发现砂轮崩裂，需要立即切断电源，待查明原因，经检修正常后方可使用。

（41）出现换向器火花过大、环火等异常现象，需要立即切断电源，待查明原因，经检修正常后方可使用。

（42）操作时，应先起动角磨机，后接触工件。结束作业时，需要先离开工件，后切断电源。操作时，应均匀施加压力，不能用力过大。

（43）切勿用砂轮片敲击工件。

（44）操作角磨机完毕后，一定要关闭工具。

（45）将闲置的角磨机储存在儿童所及范围之外。

（46）只有在输出轴停止转动时，才可以使用自锁按钮。输出轴处于转动状态时，不要使用自锁按钮，以免损坏工具。

2.27 工具套装

工具套装如图 2-96 所示。

图 2-96　工具套装

选择工具可以单个、单个的选购，也可以选购工具套装，工具箱有 9 件家用工具套装、12 件家用工具套装等种类。

工具套装内含常见的工具有 6×100 十字螺钉旋具、6×100 一字螺钉旋具、6×38 十字螺钉旋具、6×38 一字螺钉旋具、7 寸钢丝钳（又称老虎钳）、活扳手、羊角锤、2m 钢卷尺、美工刀、数显电笔、电胶布、吹塑工具盒等。具体的工具套装内含工具有差异，选购时需要明确需要那些工具。

选购工具套装还是选购单个工具的考虑：

（1）单凭价格，整套购买划算。

（2）根据自身需求选购。如果从事工具方面的维修，一般购买套装的划算。如果单纯的家用或者只用到某种工具的话，不建议购买套装，应选购使用的一种工具即可。如果专门从事水电工作，一般购买套装的划算。

▶ 2.28 ░ 万用表

2.28.1 万用表概述

万用表主要用来测量交流直流电压、电流、直流电阻及晶体管电流放大位数等。其主要有数字万用表、机械万用表两种（见图2-97、图2-98）。

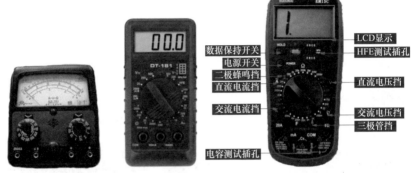

图 2-97　机械万用表外形　　　　　图 2-98　数字万用表外形

家装中万用表主要用来检测开关、线路是否正常，以及检测绝缘性能是否正常。使用万用表时（测量前），要检查红表笔、黑表笔连接的位置是否正确，不能接反，否则测量直流电量时会因正负极的反接而使指针反转，损坏表头部件。

万用表的挡位如图2-99所示。

万用表挡位的含义。

（1）数字万用表上的挡位含义。

1）V~：表示测交流电压的挡位。

2）V–：表示测直流电压挡位。

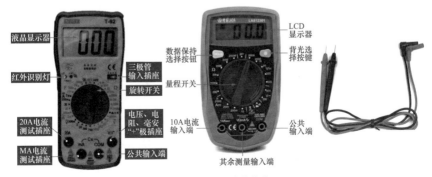

图 2-99　万用表的挡位

3）MA：表示测直流电压的挡位。

4）Ω（R）：表示测量电阻的挡位。

5）HFE：表示测量晶体管电流放大位数。

（2）机械万用表表盘上的刻度尺标记含义。

1）Ω 表示测电阻时用的刻度尺。

2）~ 表示测交直流电压、直流电流时用的刻度尺。

3）HFE 表示测晶体管时用的刻度尺。

4）LI 表示测量负载的电流、电压的刻度尺。

5）DB 表示测量电平的刻度尺。

带数据接口的万用表如图 2-100 所示。

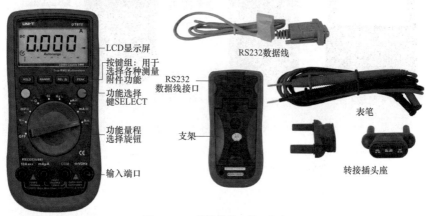

图 2-100　带数据接口的万用表

2.28.2　万用表的使用

万用表的使用如图 2-101、图 2-102 所示。

数字万用表。测量前，先把旋钮调到测量的挡位。注意：挡位上所标的是量程，即最大值。

机械万用表。测量电流、电压的方法与数字万用表相同。测电阻时，需要把读数乘以挡位上的数值才是测量值。例如：调的挡位为"×100"，读数为 100 时，则测量值为 100×100=10000Ω。机械万用表表盘上"Ω"刻度尺是从左到右，从大到小。其他刻度尺是从左到右，从小到大。

交流、直流标度尺（均匀刻度）的读数：根据选择的挡位，指示的数字乘以相应的倍率来读数。也可以根据选择的挡位换算后来读数。当表头指针位于两个刻度间的某个位置时，应将两刻度间的距离等分后，估读一个数值。

欧姆标度尺（非均匀刻度）的读数：根据选择的挡位乘以相应的倍率。也就是

红色表笔接到红色接线柱或标有"+"号的插孔内；黑色表笔接到黑色接线柱或标有"-"号的插孔内

〈1〉

两表笔不接触断开，看指针是否处于∞刻度线上

把选择开关转换到相应的挡位与量程
〈2〉

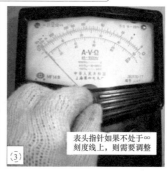
表头指针如果不处于∞刻度线上，则需要调整
〈3〉

短接两表笔，观察零刻度线
〈4〉

表头指针如果不处于0刻度线上，则需要机械调零
〈5〉

选择合适的量程挡位
〈6〉

图 2-101　万用表的使用（一）

万用表的主要性能指标基本上取决于表头的性能，表头的灵敏度是指表头指针满刻度偏转时流过表头的直流电流值，该值越小，说明表头的灵敏度越高

指针式万用表主要由指示部分、测量电路、转换装置组成

指示部分

刻度线旁标有R或Ω，指示的是电阻值，当转换开关调在Ω挡时，则读该条刻度线

刻度线旁标有VA，指示的是直流电压、直流电流值，当转换开关旁在直流电压或直流电流挡时，则读该条刻度线

刻度线旁标有~，指示的是交流电压、交流电流值，当转换开关旁在交流电压或交流电流挡时，则读该条刻度线

有的万用表刻度线旁标有10V的，指示的是10V的交流电压值，当转换开关在交、直流电压挡，量程在交流电压10V时，就读该条刻度线。有的刻度线旁还标有dB，则指示的是音频电平

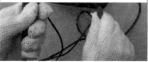

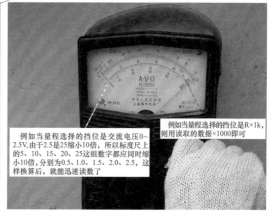

例如当量程选择的挡位是交流电压0~2.5V，由于2.5是25缩小10倍，所以标度尺上的5、10、15、20、25这组数字都应同时缩小10倍，分别为0.5、1.0、1.5、2.0、2.5，这样换算后，就能迅速读数了

例如当量程选择的挡位是R×1k，则用读取的数据×1000即可

图 2-102　万用表的使用（二）

读取的数据 × 挡位即可。当表头指针位于两个刻度间的某个位置时由于欧姆标度尺的刻度是非均匀刻度,则需要根据左边与右边刻度缩小或扩大的趋势,估读一个数值。

测量交流电压→选择开关旋到相应交流电压挡上。测电压时,需要将万用表并联在被测电路上。如果不知被测电压的大致数值,需将选择开关至交流电压挡最高量程上,并进行试探测量,然后根据试探情况再调整挡位。

测量直流电压→选择开关旋到相应直流电压挡上。测电压时,需要将万用表并联在被测电路上,并且注意正、负极性。如果不知被测电压的极性与大致数值,需将选择开关旋至直流电压挡最高量程上,并进行试探测量,然后根据试探情况再调整极性、挡位。

测量直流电流→根据电路的极性正确地把万用表串联在电路中,并且预先选择好开关量程。

测量电阻→把选择开关旋在适当"Ω"挡,两根表笔短接,进行调零。然后检测阻值即可。

交流电压、电容、二极管的测试如图 2-103 所示。

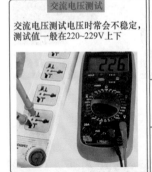

交流电压测试	电容测试
交流电压测试电压时常会不稳定,测试值一般在220~229V上下	①在功能开关置于所需CAP量程范围。(2nF量程剩余10字以内这是正常的) ②把测量电容连到电容输入插孔Cx(不用测试棒) 有必要时注意极性连接。 注:测试前要把电容放电
	二极管测试
	显示近似二极管正向压降
	通断蜂鸣
	导通电阻<70Ω时,机内蜂鸣器响

图 2-103 交流电压、电容、二极管的测试

数字万用表外形及技术参数如图 2-104 所示。

万用表的使用注意事项:

(1)万用表用 $R × 10k$ 电阻挡测兆欧级的阻值时,不可将手指捏在电阻两端,这样人体电阻会使测量结果偏小。

(2)测量大电流、大电压需要根据所用的万用表的特点来选择红表笔所要插的挡位孔。

(3)不能用电流挡测量电压,否则会烧坏万用表。

(4)测量电阻时,被测对象不能处在带电状态下。

(5)在测量中,不能在测量的同时换挡,尤其是在测量高电压、大电流时,

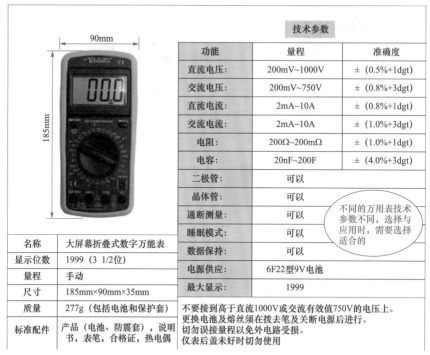

技术参数		
功能	量程	准确度
直流电压:	200mV~1000V	±（0.5%+1dgt）
交流电压:	200mV~750V	±（0.8%+3dgt）
直流电流:	2mA~10A	±（0.8%+1dgt）
交流电流:	2mA~10A	±（1.0%+3dgt）
电阻:	200Ω~200mΩ	±（1.0%+1dgt）
电容:	20nF~200F	±（4.0%+3dgt）
二极管:	可以	
晶体管:	可以	
通断测量:	可以	
睡眠模式:	可以	
数据保持:	可以	
电源供应:	6F22型9V电池	
最大显示:	1999	

不同的万用表技术参数不同，选择与应用时，需要选择适合的

名称	大屏幕折叠式数字万能表
显示位数	1999（3 1/2位）
量程	手动
尺寸	185mm×90mm×35mm
质量	277g（包括电池和保护套）
标准配件	产品（电池、防震套），说明书，表笔，合格证，热电偶

不要接到高于直流1000V或交流有效值750V的电压上。
更换电池及熔丝须在拨去笔及关断电源后进行。
切勿误接量程以免外电路受损。
仪表后盖未好时切勿使用

图 2-104　数字万用表外形及技术参数

更要注意。

（6）使用指针万用表前，首先要看指针是指在左端零位上，如果不是，则需要调零。

（7）使用指针万用表时，应水平放置。

（8）测试前，需要确定测量内容，以便正确将量程转换旋钮旋到所要测量的相应挡位上。如果不知道被测物理量的大小，则应先从大量程开始试测。

（9）表笔要正确的插在相应的插口中。

（10）测直流电压、电流时，需要注意电压的正负极、电流的流向，与表笔相接正确。

（11）测试过程中，不要任意旋转挡位变换旋钮。

（12）使用完毕后，需要将不用表挡位变换旋钮调到交流电压的最大量程挡位上。

2.29 绝缘电阻表

绝缘电阻表的外形如图 2-105 所示。

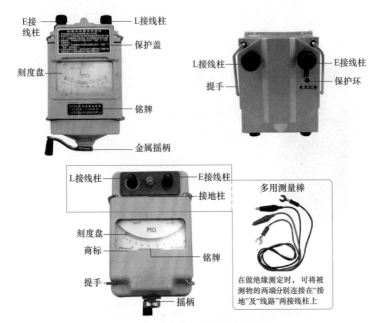

图 2-105　绝缘电阻表的外形

绝缘电阻表俗称摇表，又称兆欧表、绝缘表、绝缘电阻测试仪、高压绝缘电阻测试仪、绝缘电阻测量仪、绝缘特性测试仪、电动摇表等。绝缘电阻表的刻度是以兆欧（MΩ）为单位的。

所应用的绝缘电阻表的电压等级需要高于被测物的绝缘电压等级：

（1）测量额定电压在 500V 以下的设备或线路的绝缘电阻时，可选用 500V 或 1000V 绝缘电阻表。

（2）测量额定电压在 500V 以上的设备或线路的绝缘电阻时，应选用 1000~2500V 绝缘电阻表。

（3）一般情况下，测量低压电气设备绝缘电阻时可选用 0~200MΩ 量程的绝缘电阻表。

指针绝缘电阻表的使用方法与使用注意事项：

（1）测量前，需要将被测设备电源切断，并且对地短路放电。

（2）被测物表面要清洁，减少接触电阻，以确保测量结果的正确性。

（3）测量前，需要将绝缘电阻表进行一次开路与短路试验，以检查绝缘电阻表是否良好。

（4）绝缘电阻表使用时需要放在平稳、牢固的地方，并且远离大的外电流导体与外磁场。

（5）正确接线，绝缘电阻表上一般有三个接线柱，其中 L 接在被测物与大地绝缘的导体部分。E 接被测物的外壳或大地。G 接在被测物的屏蔽上或不需要测量的部分。

（6）测量绝缘电阻时，一般只用"L"和"E"端。测量电缆对地的绝缘电阻或被测设备的漏电流较严重时，需要使用"G"端，并且将"G"端接屏蔽层或外壳。

（7）线路接好后，按顺时针方向转动摇把。摇动的速度由慢而快，当转速达到 120r/min 左右时，保持匀速转动，1min 后读数。

（8）绝缘电阻表接线柱引出的测量软线绝缘需要良好，两根导线间、导线与地间需要保持适当距离，以免影响测量精度。

（9）为了防止被测设备表面泄漏电阻，使用绝缘电阻表时，需要将被测设备的中间层接于保护环。

（10）绝缘电阻表在不使用时，需要放在固定的橱内，环境气温不宜太冷或太热，切忌放于污秽，潮湿的地面上。

（11）避免剧烈、长期的振动。

（12）接线柱与被测物间连接的导线不能用绞线，应分开单独连接。

（13）在雷电或邻近带高压导体的设备时，禁止用绝缘电阻表进行测量。

（14）摇测过程中，被测设备上不能有人工作。

（15）绝缘电阻表未停止转动前或被测设备未放电前，严禁用手触及。

（16）绝缘电阻表拆线时，不要触及引线的金属部分。

（17）读数完毕，需要将被测设备放电。

（18）要定期校验绝缘电阻表的准确度。

绝缘电阻表的挡位如图 2-106 所示。

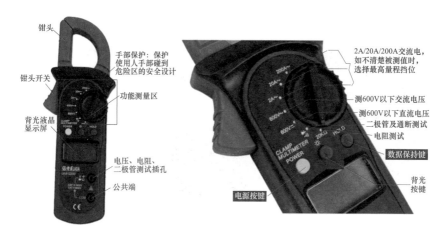

图 2-106　绝缘电阻表的挡位

2.30 电能表

2.30.1 认识电能表

电能表又称电度表、电表，是用来自动记录用户电量的一种仪表、电能计量装置，以便计算电费。电能表有单相电能表、三相三线有功电能表、三相四线有功电能表等类型（见图 2-107）。生活照明一般选择单相电能表。三相三线、三相四线电能表可以用于照明或具有三相用电设备的动力线路的计费。

根据所计电能量的不同与计量对象的重要程度，电能计量装置分为以下几类：

Ⅰ类计量装置。月平均用电量 500 万 kWh 及以上或变压器容量为 1000kVA 及以上的高压计费用户。

Ⅱ类计量装置。月平均用电量 100 万 kWh 及以上或变压器容量为 2000kVA 及以上的高压计费用户。

Ⅲ类计量装置。月平均用电量 10 万 kWh 以上或变压器容量为 315kVA 及以上的计费用户。

Ⅳ类计量装置。负载容量为 315kVA 以下的计费用户。

Ⅴ类计量装置。单相供电的电力用户。

电能表的规格一般以标定电流的大小来划分，常见的有 1、2、2.5、3、5、10、15、30A 等。单相电能表的额定电流，最大可达 100A。一般单相电能表允许短时间通过的最大额定电流为额定电流的 2 倍，少数厂家的电能表为额定电流的 3 倍或者 4 倍。

单相电子式电能表的型号有 4 种型号，即 5（20）A、10（40）A、15（60）A、20（80）A，其也称为 4 倍表。另外，还有 2 倍表、5 倍表等种类。表的倍数越大，则在低电流时计量越准确。

单相电能表　　　　　三相四线有功电能表　　　　电子式预付费电能表
　　　　　　　　　　　　　　　　　　　　　　　IC卡充值电表

图 2-107　电能表的类型

单相电子式电能表的型号常见的字母含义：

（1）第一个字母 D 为电能表产品型号的统一标识，即是电字的拼音首字母。

（2）第二个字母 D 表示单相电能表，即单字的字母。

（3）第三个字母 S 表示全电子式。

（4）第四个字母 Y 表示预付费。

电能表铭牌电流标注诸如 10（40）A 的含义如下：10A 表示基本电流为 10A，最大电流为 40A。如果电能表超负载用电，则是不安全的，可能会引发火灾等隐患。电能表的额定电压与工作频率，必须与所接入的电源规格相符合。即如果电源电压是 220V，则必须选择 220V 电压的电能表，不能够选择 110V 电压的电能表。另外，电能表铭牌上还标有准确度。

2.30.2 电能表的选择

（1）选用电能表一般负载电流的上限不能够超过电能表的额定电流，下限不能够低于电能表允许误差范围内规定的负载电流。最好使用电负载在电能表额定电流的 20%~120% 内。

（2）选择电能表需要满足精确度的要求。

（3）根据负载电流不大于电能表额定电流的 80%，当出现电能表额定电流不能满足线路的最大电流时，则需要选择一定电流比的电流互感器，将大电流变为小于 5A 的小电流，再接入 5A 电能表。计算耗电电能时，5A 电能表耗电能数乘以所选用的电流互感器的电流比，就为实际耗用的电能的度数。一般超过 50A 的电流计量宜选用电流互感器进行计量。

（4）一般低压供电，负载电流为 50A 及以下时，电能表宜采用直接接入接线式。负载电流为 50A 以上时，宜采用经电流互感器接入的接线方式。同时需要选用过载 4 倍及以上的电能表。

（5）家装强电施工前，需要先选购电能表，则要计算家庭总用电量。

（6）家庭总用电量的计算：家中所有用电电器的功率加起来，以及欲留一定宽裕度，然后，根据 $I=P/V$，求出最大电流，然后根据最大电流选择电能表。

实例：一业主家的用电电器的功率如下：

白炽灯 4 只共 160W ＋电视机 65W ＋电冰箱 95W ＋洗衣机 150W ＋电熨斗 300W+ 空调 1800W=2570W。

所选择电能表允许的最大总功率大于所有用电器的总功率＋适当的余量，即上例中要大于 2570W ＋适当的余量。求出最大电流：

$$I=P/V=2570W/220V=11.68A$$

然后考虑适当的余量。因此，选择 5（20）A 的电能表即可。

家用单相电能表电源电压一般是 220V 的，因此，选择额定电压为 220V 的即可。综合起来，选择 5（20）A 220V 的电能表。

一般情况下，可以根据表 2-9 来选择电能表。

表 2-9   电能表的选择

电能表容量	单相 220V 最大
1.5（6）A	<1500W
2.5（10）A	<2600W
5（30）A	<7900W
10（60）A	<15800W
20（80）A	<21000W

2.30.3 电能表的安装

电能表需要安装在通风、干燥、采光等地方，需要避开潮湿、有腐蚀性的气体、有沙尘与昆虫侵入的地方。

家庭用电一般使用单相电能表，单相电能表共有四个接线桩，从左到右设为 1、2、3、4 编号，则一般接线方法为编号 1、3 接电源进线，2、4 编号接电源出线，如图 2-108 所示。

电能计量装置安装后的验收与注意事项：

（1）对电能计量装置验收的基本内容包括用户的电能计量方式、电能计量装置的接线、安装工艺质量、计量器具产品质量、计量法制标志等均要符合相关的

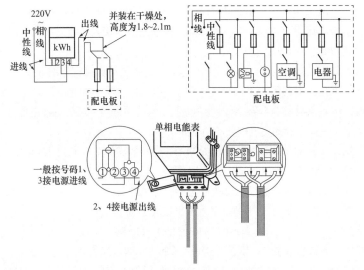

图 2-108 单相电能表的接线方法

规定要求。

（2）凡验收不合格的电能表，不准投入使用、不得擅自使用。

（3）伪造或者开启法定的或者授权的计量检定机构加封的用电计量装置封印用电、故意损坏供电企业用电计量装置等均属于窃电行为，电力管理部门有权责令其停止违法行为，以及追缴电费与罚款，构成犯罪的可以依法追究相关责任。

（4）擅自迁移、更动或擅自操作供电企业的用电计量装置的行为属于危害供电、用电，扰乱正常供电、用电秩序的行为，供电企业可以根据违章事实和造成的后果追缴电费，以及可以根据国家有关规定程序停止供电。

安装不规范的电能表见图 2-109。

电能表应与断路器配合使用，以便维修时断开局部电路，避免影响其他电路

图 2-109　安装不规范的电能表

▶ 2.31　配电箱

2.31.1　配电箱的概述

家庭配电箱有强电配电箱和弱电配电箱之分。这里介绍的配电箱是指强电配电箱，见图 2-110。配电箱担负着住宅内部的供电、配电任务，并且有过电流和漏电保护功能。

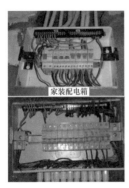
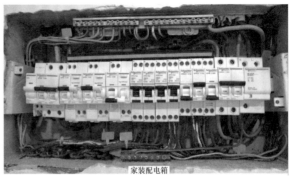

图 2-110　强电配电箱

配电箱的规格有 12 位、16 位、20 位、24 位等。一位等于一个 1P 断路器或一个 DPN 断路器的宽度（大约 18mm）。

配电箱常见的回路见表 2-10，配电箱的安装风格见表 2-11。

表 2-10　　配电箱常见的回路

配电箱		8回路	12回路	15回路	16回路	18回路	20回路	24回路	36回路	48回路
小型断路器	1P	10A单进单出	16A单进单出	20A单进单出	25A单进单出	32A单进单出	40A单进单出			63A单进单出
	1P+N 紧凑型	10A双进双出紧凑型	16A双进双出紧凑型	20A双进双出紧凑型	25A双进双出紧凑型	32A双进双出紧凑型				
	1P+N 标准型	10A双进双出标准型	16A双进双出标准型	20A双进双出标准型	25A双进双出标准型	32A双进双出标准型	40A双进双出标准型	40A双进双出标准型		63A双进双出标准型
	2P 总开关	10A双进双出	16A双进双出	20A双进双出	25A双进双出	32A双进双出	40A双进双出		50A双进双出	63A双进双出
	3P 总开关	10A	16A	20A	25A	32A	40A		50A	63A
	4P 总开关			20A	25A	32A	40A			63A
漏电保护器	1P+N 标准型			总开关双模位16A	总开关双模位20A	总开关双模位25A	总开关双模位32A	总开关双模位40A	总开关双模位50A	总开关双模位63A
	1P+N 紧凑型		单模位10A	单模位16A	单模位20A	单模位25A	单模位32A	单模位6A		
	纯2P 总开关		四模位10A		四模位20A	四模位25A	四模位32A	四模位40A		四模位63A
	3P						3P 40A			3P 63A
	4P						4P 40A			4P 63A

表 2-11　　配电箱的安装风格

类型	解说
淡化隐藏	通过在面板贴上与周边墙面款式一样的壁纸，或刷上与周边墙面颜色一样的漆，来淡化配电箱的视觉效果
实物遮挡	通过挂画、隔板等实物来遮挡配电箱
造型隐藏	将配电箱外露部分巧妙地融合在造型中

无论配电箱是哪种安装风格，其箱内主要设备是开关保护器，也就是家用断路器、开关。断路器分主断路器与回路断路器。主断路器型号要比回路断路器大一些，一般选用 32A 以上的。家庭配电箱的安装风格如图 2-111 所示。

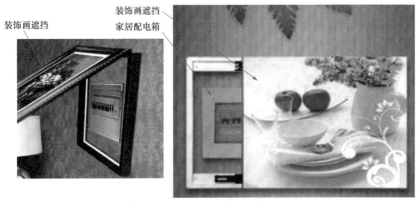

图 2-111　家庭配电箱的安装风格

2.31.2　配电箱命名规则

配电箱的命名规则如图 2-112 所示。配电箱箱体图例如图 2-113 所示。

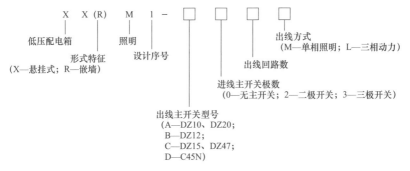

图 2-112　照明配电箱的命名规则

图 2-113　配电箱箱体图例

2.31.3 临电配电箱（开关箱）

临电配电箱的外形如图 2-114 所示。临电配电箱（开关箱）的安装要求：

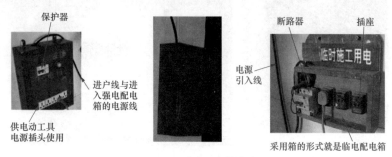

图 2-114 临电配电箱的外形

（1）临电配电箱（开关箱）最好购置正规厂商生产、能够防雨、防尘的产品。室内装修用电设备不多，负载也不大，选择临电配电箱的体积也不宜过大。

（2）配电箱需要安装牢固，便于操作与使用、维修。

（3）配电箱门要关闭严密，以及配锁。出线孔需要加绝缘垫圈，一般设在箱体下底面。

（4）供电电源无论是哪种形式，临电配电箱外壳均需要接地良好。

（5）配电箱应坚固、完整、严密，箱门上喷涂红色电字或红色危险标志，使用中的配电箱内禁止放置杂物。

（6）临电配电箱（开关箱）内部需要设置带漏电保护器的总隔离开关，同时具备短路、过载、漏电保护功能。最好动力工具使用的配电箱与临电照明分开，以免动力工具回路异常影响临电照明。

（7）临电配电箱中各种电气开关的额定值与动作整定值需要与其控制用电设备额定值、特性相适应。

（8）具有三个回路以上的配电箱需要设总漏电开关及分路漏电开关。每一分路漏电开关不应接 2 台或 2 台以上设备，不应供 2 个或 2 个以上作业组使用。

（9）如果配电箱、开关箱内安装的刀闸式保险、漏电开关等电气设备，则应动作灵活，接触良好可靠，触头没有严重烧蚀现象。熔断器的熔体更换时，严禁用不合规格的熔体或其他金属裸线代替。

（10）箱内进行检查维修时，必须将前一级相应的开关分闸断电，并悬挂停电标志牌，必要时派专人守护，严禁带电作业。并按规定穿戴绝缘鞋、绝缘手套，使用绝缘工具。

（11）所有移动电具，都应在漏电保护之中，严禁用电线直接插入插座内使用。

（12）配电箱分别配置接零和接地端子排，专用接地端子 PE 端与箱体铁壳金属螺栓用 PE 软线做电气连接。

（13）配电箱内所有配线要绝缘良好、排列整齐、绑扎成束并固定在盘面上。

（14）临电开关箱内配线必须采用铜芯绝缘导线，导线绝缘外皮颜色相线为红色，零线为淡蓝色，地线 PE 线为绿 / 黄双色，严禁混用与代用。

（15）配电箱内的导线需要绝缘良好，排列整齐、固定牢固。导线端头需要采用螺栓连接或压接。电气设备必须可靠完好，不准使用破损，不合格的电器。

临电配电箱的结构如图 2-115 所示。

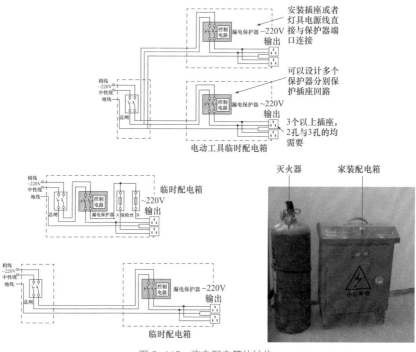

图 2-115　临电配电箱的结构

2.32 断路器

2.32.1 断路器的概述

断路器是空气开关（自动开关）、低压断路器、漏电保护器等开关设备的总称。其基本原理为：如果工作电流超过其额定电流，以及发生短路、失电压等情况下，断路器会自动切断电路。常用的断路器是当漏电电流超过 30mA 时，漏电附件自动拉闸，保护人体安全。断路器的内部结构与特点如图 2-116 所示。

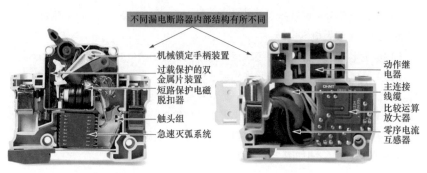

不同漏电断路器内部结构有所不同

机械锁定手柄装置
过载保护的双金属片装置
短路保护电磁脱扣器
触头组
急速灭弧系统

动作继电器
主连接线缆
比较运算放大器
零序电流互感器

图 2-116　断路器的内部结构与特点

断路器有单相断路器、三相断路器，家装断路器基本上选择单相的断路器。单相断路器额定电流有 6、10、16、20、25、32、40、50、63A 等。额定电压有 230、400VAC 等。

家装单相断路器属于小型断路器，常选择照明配电系统（C 型）的，用于交流 50/60Hz，额定电压 400V 或者 230V 的。另外，家装单相断路器也可以在正常情况下不频繁地通断电器装置与照明线路。

小型断路器安装方式一般是 35mm 轨宽安装。

断路器外形尺寸及外部构造如图 2-117 所示。

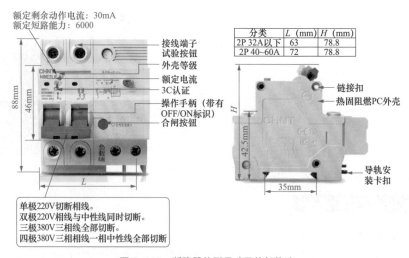

额定剩余动作电流：30mA
额定短路能力：6000

接线端子
试验按钮
外壳等级
额定电流
3C认证
操作手柄（带有 OFF/ON标识）
合闸按钮

88mm
46mm
L

分类	L (mm)	H (mm)
2P 32A以下	63	78.8
2P 40~60A	72	78.8

链接扣
热固阻燃PC外壳
导轨安装卡扣

H
42.5mm
35mm

单极220V切断相线。
双极220V相线与中性线同时切断。
三极380V三相线全部切断。
四极380V三相相线一相中性线全部切断

图 2-117　断路器外形尺寸及外部构造

2.32.2　断路器的分类

断路器的分类如图 2-118 所示。

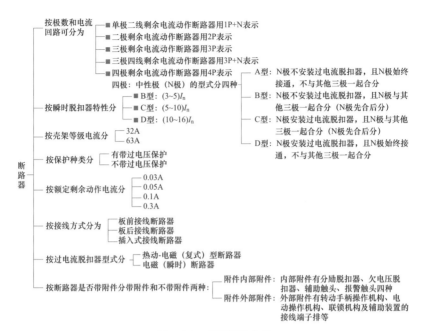

图 2-118　断路器的分类

1P 断路器与 2P、3P 断路器的区别：1P 断路器是相线单独进断的断路器，中性线不进不分断。2P 是双进双出断路器，也就是相线与中性线同时进断路器，发生异常时，能够同时切断相线与中性线。2P 断路器的宽度比 1P 断路器宽一倍。3P 断路器可以同时通/断三相电。

断路器实物图如图 2-119 所示。

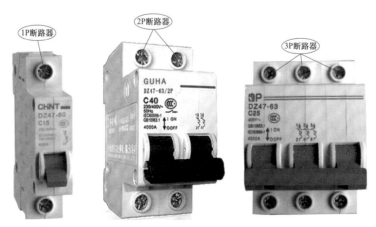

图 2-119　断路器实物图

2.32.3 断路器的型号与结构

小型断路器型号命名规则。

例如 DPNC16：

DPN——表示小型断路器系列中的一种。

DPN VIGI——表示漏电保护器。

C——表示脱扣曲线是照明型。

16——表示脱扣电流，即额定动作电流为 16A。

实物断路器的结构如图 2-120 所示。

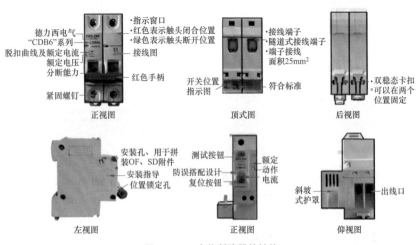

图 2-120　实物断路器的结构

2.32.4 断路器的选择

二极断路器外形如图 2-121 所示。

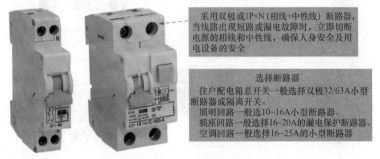

图 2-121　二极断路器外形

家庭用电线路一般分照明回路、电源插座回路、空调回路等分开布线，这样当其中一个回路出现故障时，其他回路仍可以正常供电。为保证用电安全，每回路与总干线需要选择正确的、恰当的断路器。

断路器的选择方法与要点：

（1）断路器的种类多，有单极、二极、三极、四极。家庭常用的是二极与单极断路器。

（2）选择的断路器的额定工作电压需要大于或等于被保护线路的额定电压。

（3）断路器的额定电流需要大于或等于被保护线路的计算负载电流。

（4）断路器的额定通断能力需要大于或等于被保护线路中可能出现的最大短路电流，一般按有效值计算。

（5）一般情况下，优先选择电流型漏电保护器。

（6）一般家庭用断路器可选额定工作电流为 16~32A。

（7）家庭配电箱总开关一般选择双极 32~63A 的。

（8）照明回路一般选择 10~16A 的小型断路器。

（9）插座回路一般选择 16~20A 的小型断路器。

（10）空调回路一般选择 16~25A 的小型断路器。

（11）一般安装 6500W 热水器要选择 C32A 的小型断路器。

（12）一般安装 7500、8500W 热水器需要选择 C40A 的小型断路器。

（13）一般家庭配电箱断路器选择原则：照明小，插座中、空调大的原则。

在触电后可能导致二次事故的场合，需要选用额定动作电流为 6mA 的漏电保护器。

空调用断路器的选择方法如图 2-122 所示。常用断路器型号见表 2-12。

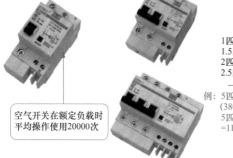

空气开关在额定负载时平均操作使用20000次

1匹=735W≈750W
1.5匹=1.5×750W=1125W
2匹=2×750W=1500W
2.5匹=2.5×750W=1875W
——此计算方法以此类推
例：5匹的空调应选择多少A的空气开关？
（380V电压）
5匹×750W=3750W×3倍（冲击电流）
=11250W÷380≈29.60≈32A（功率÷电压=安培）

图 2-122　空调用断路器的选择方法

表 2-12　　　　　　　　　　　常用断路器型号

项目	图例
罗格朗断路器	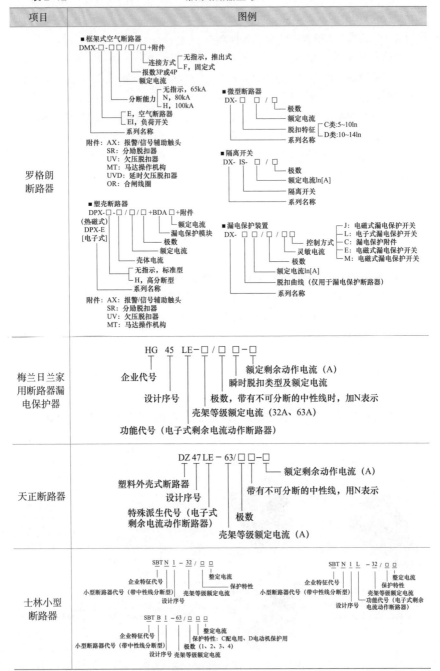
梅兰日兰家用断路器漏电保护器	
天正断路器	
士林小型断路器	

2.33 ⫶ 排插

排插外形如图 2-123 所示。

图 2-123　排插外形

排插又称插线板，有的排插可以市场选购，有的可以自制成接线板或者接线排插。自制成接线板时的电源线需要采用铜芯多股橡套软电缆，如图 2-124 所示。

排插的使用注意事项：

（1）普通排插的技术参数额定电流为 10A、环境温度为 -10~42℃、额定电压为 220~250V。有的额定电流为 16A。一般照明电源连接可以选择 10A 的排插即可。一般电动工具电源连接，选择 16A 的排插即可。为确保安全，排插尽量不同时使用几个插孔。

（2）排插总长度有 1、2.1m 等类型。如果单个排插电源线长度不够，需要排插再接排插，则需要插紧接触牢固，以及排插上的总负载不超过其额定数值即可。如果超过其额定数值是危险的。

图 2-124　自制成接线板

（3）排插插座应选择是三极插座（接地型）的。

（4）排插需要选择有熔断保护装置的，以及不小于 10A 的。

（5）一般选择插孔不得多于 6 孔，防止过载。

（6）排插电源线容量需要符合安全容量。

（7）排插插座本体外壳应选择不燃材料的或者高阻燃工程塑料。

（8）排插不要乱拉乱放，如图 2-125 所示，这样的施工环境是危险的。

（9）任何加热装置或化学物品禁止靠近排插。

（10）不要使用老化的排插，使用排插时严禁捆扎导线，以免异常，如图 2-126 所示。

（11）不要在潮湿的环境下使用排插。

图 2-125 排插乱拉乱放的施工现场

图 2-126 老化的排插

（12）排插外壳容易碰坏，插孔容易掉入灰尘，防水性差，导线抗拉性差，实际使用时只能够应急使用与短暂使用。

世界各国电源插头图例如图 2-127 所示。市场选购排插的方法见表 2-13。

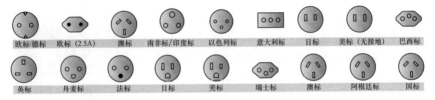

| 欧标/德标 | 欧标 (2.5A) | 澳标 | 南非标/印度标 | 以色列标 | 意大利标 | 日标 | 美标（无接地） | 巴西标 |
| 英标 | 丹麦标 | 法标 | 日标 | 美标 | 瑞士标 | 澳标 | 阿根廷标 | 国标 |

图 2-127 世界各国电源插头图例

表 2-13　　　　　　　　　市场选购排插的方法

项目	解说
看外观	检查排插的插孔是否能满足需要，是否能完全插入，拔插的松紧程度是否合适，试几次后插孔内簧片是否变形松动，外壳是否损坏，如果异常，则不应选购该排插
查认证	合格的排插应有 3C 认证
看负载能力	应选用线径粗一些的排插，一般其引线与内部走线的线径应为 0.75mm^2 以上为好，负载最少为 10A/250V 交流的排插。劣质排插的引线太细，当负载较大时易发热引起火灾
注意簧片质量	优质排插的簧片一般用高弹力、长寿命的磷铜片整体冲压而成，可确保反复拔插时的可靠接触。如果条件允许，可检查内部引线焊接是否可靠。一些劣质排插的簧片采用铁片，性能不佳

▶ 2.34 家用电器与设备

2.34.1 家用电器与设备概述

家用电器的安装如图 2-128、图 2-129 所示。

白色家电是指可以替代人们家务劳动的产品。

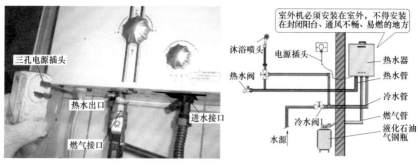

图 2-128 家居电器的安装（一）

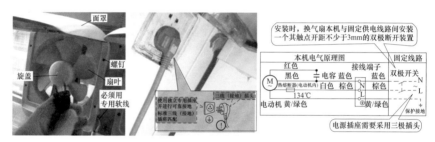

图 2-129 家居电器的安装（二）

黑色家电是指娱乐的家电，像彩电、音响等。

米色家电是指电脑信息产品。

绿色家电是指在质量合格的前提下，高效节能且在使用过程中不对人体和周围环境造成伤害，其报废后还可以回收利用的一种家电产品。

2.34.2 常见家用电器的功率

常见家用电器的功率见表 2-14。

表 2-14 常见家用电器的功率

电器	一般功率（W）
抽油烟机	140
窗式空调机	800~1300
单缸家用洗衣机	230
电扇	100
电视机	200
电水壶	1200
电熨斗	750

续表

电器	一般功率（W）
电吹风	500
电饭煲	500
电炉	1000
计算机	200
电暖气	1600~2000
电热淋浴器	1200
电热水器	1000
吊扇大型	150
吊扇小型	75
家用电冰箱	65~130
空调	1000
理发吹风器	450
录像机	80
手电筒	0.5
双缸家用洗衣机	380
14寸台扇	52
16寸台扇	66
微波炉	1000
吸尘器	400~850
音响器材	100

2.34.3 家用电器插座

不同电器对插座、开关的要求不同（见图2-130）：

（1）一般而言，超过1kW家用电器，在家中就算大耗电器。超过2kW的电器，家装中一般要采用单独的插座与开关，线缆一般是多股缆线，并且安装专用控制开关。

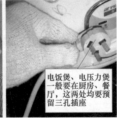
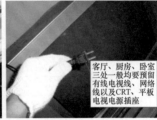

饮水机一般考虑放在餐厅、客厅，一般用三孔插头

电饭煲、电压力锅一般要在厨房、餐厅，这两处均要预留三孔插座

客厅、厨房、卧室三处一般均要预留有线电视线、网络线以及CRT、平板电视电源插座

图2-130 不同电器的插座要求

（2）超过 4kW 的电器，一般需要考虑连接到三相动力电线的情况，并且插头是采用四眼大号方插头。

家用电器的功耗决定了电器、电线的选择：家用电器的总功耗 + 未来可能的用电器功耗→漏电保护器的选择→入户线的选择（一般均是 6mm² 电线）→电能表的基本要求（一般家庭用 50A 的电能表即可）。

电磁炉插头如图 2-131 所示，10A 插座与 16A 插座如图 2-132 所示。

（1）卧室可以考虑的家电产品有熨斗、除湿机、吸尘器、电暖器、空调、吹风机、电视等。

（2）厨房可以考虑的家电有消毒柜、烟机、灶具、净水设备等。

（3）洗衣机需要考虑电源插座、进水管、水龙头、排水口。根据家居风水来说，洗衣机最宜放在向东或东南的阳台；放在卫生间的，就宜向东、东南或南方向。

（4）一般后面添置的电器可能有大烤箱、电地暖、餐厅火锅等设备。

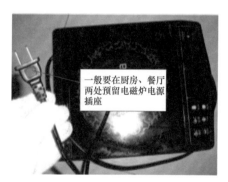

图 2-131　电磁炉插头

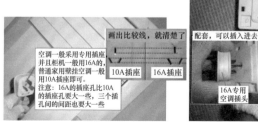

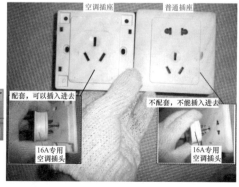

图 2-132　10A 插座与 16A 插座

第 3 章

强电施工安装技能速精通

3.1 导线绝缘层的剥除

可以用美工刀或者电工刀来剥削塑料硬导线（线芯等于或大于 $4mm^2$）绝缘层。

可以用剥线钳来剥除 $6mm^2$ 以下电线绝缘层。剥线钳的手柄是绝缘的，可以适合工作电压为 500V 以下的带电操作（见图 3-1）。

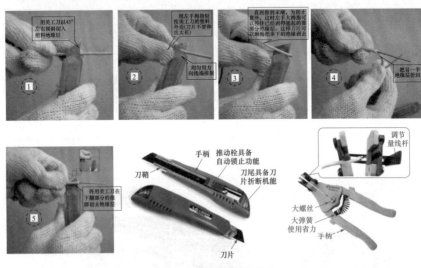

图 3-1 导线绝缘层的剥除

Tips 如果没有美工刀、电工刀、剥线钳等专用工具，应急时，可以用打火机烧导线绝缘层，待熔化时，快速用钳子剥离导线绝缘层即可。该种情况下，不得带电操作。另外，钢丝钳作为应急剥离导线绝缘层时，需要一步步钳掉绝缘层，并且注意保留绝缘层切口的整齐性。

3.2 单芯铜导线直线连接

导线连接的方法有绞接法、焊接法、压接法、螺栓连接法。

导线连接的三大步骤：剥绝缘层、导线线芯连接或接头连接、恢复绝缘层（见图 3-2）。

图 3-2 导线连接的三大步骤

单股铜导线的连接有绞接连接法、缠卷连接法。绞接连接法操作要点：绞接时，先将导线互绞 3 或者 2 圈，再将两线端分别在另一线上紧密缠绕 5 圈，余线剪弃，使线端紧压导线。单股铜导线绞接连接法适用于 4mm^2 及以下的单芯线连接（见图 3-3）。

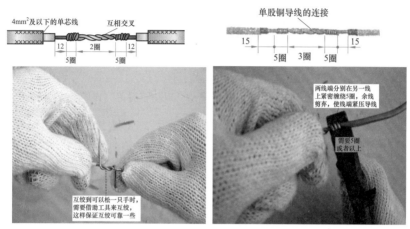

图 3-3 单股铜导线绞接连接

缠卷连接法又可以分直接连接法、分支连接法两种。直接连接操作法操作要点：首先将两线端用钳子稍作弯曲，相互并合，然后用直径约 1.6mm^2 的裸铜线作扎线紧密地缠卷在两根导线的并合部分。缠卷长度应为导线直径的 10 倍左右（见图 3-4）。

图 3-4 缠卷连接法

缠卷连接法分为有加辅助线、不加辅助线两种方法，该方法适用于 6mm^2 及以上的单芯线的直接连接。其具体操作方法与要点如下：首先将两线相互合并，然后加辅助线后用绑线在合并部位中间向两端缠绕，其长度为导线直径的 10 倍，再将两线芯端头折回，在此向外单独缠绕 5 圈，然后与辅助线捻绞 2 圈，再将余线剪掉。

电线直接连接也可以采用电线连接器，但需要注意留有余量，以便维修用，同时，电线连接器只能够放在接线盒里（见图 3-5）。

图 3-5   电线连接器连接

3.3 单芯铜线的分支连接

单芯铜线的分支连接分为铰接法、缠卷法。

铰接法适用于 4mm² 以下的单芯线。其具体操作方法与要点：首先用分支线路的导线向干线上交叉，并且打好一个圈节，以防止脱落，再缠绕 5 圈。分支线缠绕好后，然后剪去余线（见图 3-6、图 3-7）。

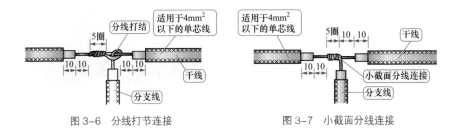

图 3-6   分线打节连接   图 3-7   小截面分线连接

缠卷法适用于 6mm² 及以上的单芯线的分支连接。其具体操作方法与要点如下：先将分支线折成 90° 紧靠干线，其公卷的长度为导线直径的 10 倍，单圈缠绕 5 圈后，剪断余下线头（见图 3-8、图 3-9）。

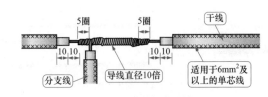

图 3-8   分线打节连接

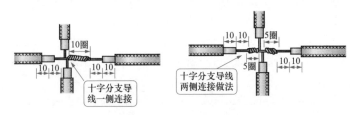

图 3-9   小截面分线连接

分支连接操作法操作要点：先将分支线作直角弯曲，并且在其端部稍向外弯曲，再把两线并合，并且用裸导线紧密缠卷，缠卷长度为导线直径的 10 倍左右。分支连接法有绞接法、缠卷法（见图 3-10、图 3-11）。

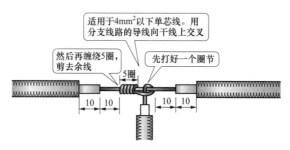

图 3-10　单芯铜导线的分支绞接连接法

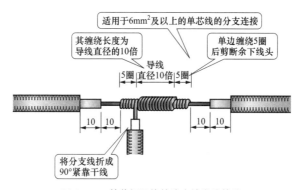

图 3-11　单芯铜导线的分支缠卷连接法

3.4　单芯铜导线的接线圈制作

平压式接线桩是利用半圆头、圆柱头、六角头螺钉加垫圈将线头压紧，完成导线连接。家装使用单股芯线相对而言载流量小，有的需要将线头弯成接线圈（见图 3-12）。

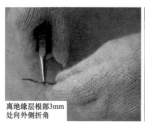  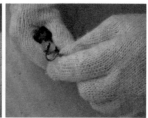

图 3-12　制作接线圈

接线圈制作要点：离绝缘层根部的 3mm 处向外侧折角，外侧折角略大于螺钉直径弯曲弧度，再剪去芯线余端，最后修正圆圈即可（见图 3-13）。

图 3-13　接线圈制作要点

Tips 如果制作接线圈不够理想，则可以在一个比需要制作的圈小一点的固定的长一些的螺杆上进行弯制。然后切断多余的（稍微比正常留多一点），以及放大一点圈即可。

3.5 多股铜导线连接

多股铜导线连接有单卷法、复卷法、缠卷法。

多股铜导线连接单卷法操作方法：先把多股导线顺次解开成 30° 伞状，并且用钳子逐根拉直以及将导线表面刮净，剪去中心一股。再把张开的各线端相互插叉到中心完全接触，然后把张开的各线端合拢，并且取相邻两股同时缠绕 5~6 圈后，另换两股缠绕，把原有两股压在里或剪弃，再缠绕 5~6 圈后，采用同法调换两股缠绕，依此这样直到缠到导线叉开点为止。最后将压在里档的两股导线与缠线互绞 3~4 圈，剪弃余线，余留部分用钳子敲平贴紧导线，再用同样的方法做另一端即可（见图 3-14）。

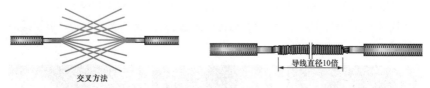

图 3-14　多股铜导线连接单卷法

缠卷法与单芯铜导线直线缠绕连接法相同。

复卷法适用于多芯软导线的连接。其具体操作方法与要点：把合拢的导线一端用短绑线做临时绑扎，将另一端线芯全部紧密缠绕 3 圈，然后把多余线端依次成阶梯形剪掉。另一侧的导线操作方法类似进行即可。

3.6 多芯铜导线分支连接

多芯铜导线分支连接的方法有缠卷法、单卷法和复卷法（见图 3–15~ 图 3–17）。

图 3–15 缠卷法

缠卷法的操作方法与要点：首先将分支线折成 90°，并且紧靠干线，然后在绑线端部适当处弯成半圆形。然后将绑线短端弯成与半圆形成 90°，以及与连接线紧靠。再用较长的一端缠绕，其长度为导线结合处直径的 5 倍，然后将绑线两端捻绞 2 圈，再剪掉余线。

图 3–16 单卷法

单卷法的操作方法与要点：首先将分支线破开，根部折成 90°，以及与连接线紧靠。再用分支线其中的一根在干线上缠绕 3~5 圈后剪断，再用另一根线芯继续缠绕 3~5 圈后剪断，直至连接到双根导线直径的 5 倍时为止。

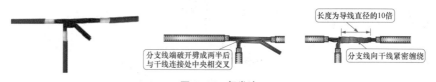

图 3–17 复卷法

复卷法的操作方法与要点：首先将分支线端破开劈成两半，然后与干线连接处中央相交叉，再将分支线向干线两侧分别紧密缠绕。缠绕后的余线根据阶梯形剪断，长度大约为导线直径的 10 倍。

3.7 铜导线在接线盒内的连接

铜导线在接线盒内的连接分为单芯线并接头的连接与不同直径的导线接头的连接，具体方法的有单芯线并接头、不同直径的导线接头（见图 3–18、图 3–19）。

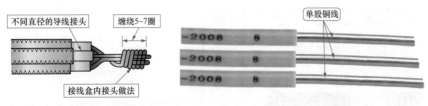

图 3-18　单芯线并接头

单芯线并接头：首先把导线绝缘部分并齐合拢，然后在距绝缘部分约 12mm 处用其中一根线芯在其连接端缠绕 5~7 圈后，再剪断，并且把余头并齐折回压在缠绕线上。

图 3-19　不同直径的导线接头

不同直径的导线接头：如果是独根导线（导线截面小于 2.5mm² ）或多芯软线时，首先需要进行涮锡处理，再将细线在粗线上距离绝缘层 15mm 处交叉，然后将线端部向粗导线（独根）端缠绕 5~7 圈，然后将粗导线端折回压在细线上。

3.8 ░ 单芯铜导线盒内封端连接操作

单芯铜导线盒内封端连接操作如图 3-20 所示。

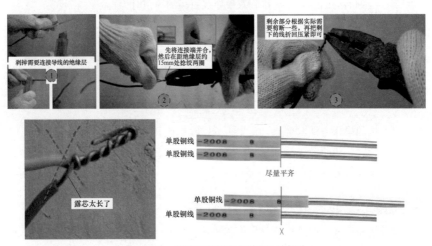

图 3-20　单芯铜导线盒内封端连接操作

3.9　LC 安全型压线帽的导线连接

　　LC 安全型铜线压线帽可以分为黄色压线帽、白色压线帽、红色压线帽，分别适用 1.0~4.0mm² 的 2~4 根导线的连接。具体操作方法：先将导线绝缘层剥去 8~10mm（具体根据帽的型号来决定），然后清除线芯表面的氧化物，再根据规格选用配套的压线帽，然后将线芯插入压线帽的压接管内，如果填不实，则可以将线芯折回（剥长加倍），直到填满为止。线芯插到底后，导线绝缘层需要与压接管平齐，并且包在帽壳内，然后用专用压接钳压实即可（见图 3-21）。

　　铝导线的压接与铜线的压接方法基本相同。

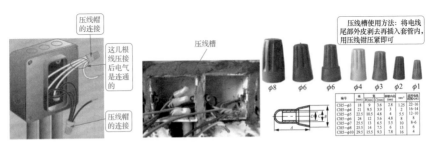

图 3-21　压线帽在接线盒的接线

3.10　加强型绝缘钢壳螺旋接线纽的连接

　　加强型绝缘钢壳螺旋接线纽（简称接线纽）一般适应 6mm² 及以下的单线芯。具体操作方法：先把外露的线芯对齐，再根据顺时针方向拧绞，并在线芯的 12mm 处剪去前端，最后选择相应的接线纽，根据顺时针方向拧紧。操作时，需要把导线的绝缘部分拧入接线纽的上端护套内（见图 3-22）。

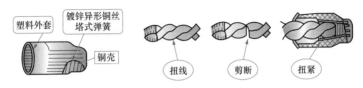

图 3-22　加强型绝缘钢壳螺旋接线纽与其连接操作

3.11　导线出线端子装接

　　配线完成后，导线两端与电气设备的连接称为导线出线端子装接如图 3-23 所示。

10mm^2 及以下单股导线多采用直接连接，即将导线端部弯成圆圈，其弯曲方向应与螺钉旋紧方向一致，并将弯成圈的线头放在螺钉的垫圈下，旋紧螺钉即可。

线头是软线的装接——将软线绕螺钉一周后再自绕一圈，再将线头压入螺钉的垫圈下旋紧螺钉。

在针孔式接线桩头上接线，将导线线头插入针孔，旋紧螺钉即可。

如果导线太细，将线头弯曲折成两根，再插入针孔，旋紧螺钉即可。

10mm^2 以上的多股铜线或铝线的连接，由于线粗，载流大，需装接线端子，再与设备相连接。铜接线端子装接，可采用锡焊或压接，铝接线端子装接一般采用冷压接。

图 3-23　导线出线端子装接

铜导线的压接多采用连接管或接头，套在被连接的线芯上，用压接钳或压接机进行冷态连接。具体操作方法：压接前先将两根导线端部的绝缘层剥去，剥去长度各为连接管的一半加 5mm，然后散开线芯，将每根导线表面用钢丝刷刷净。根据连接导线截面大小，选好压模装到钳口内即可按顺序进行压接（见图 3-24）。

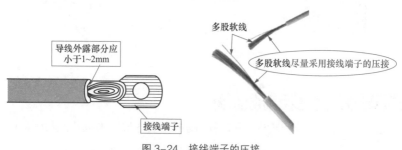

图 3-24　接线端子的压接

接线端子的压接方法与操作要点：先选择与多股导线同材质且规格相配的接线端子，然后削去导线的绝缘层，将线芯紧密地绞在一起，再将线芯插入，最后用压接钳压紧。需要注意导线外露部分需要小于 1~2mm。

接线端子外形与规格如图 3-25 所示。

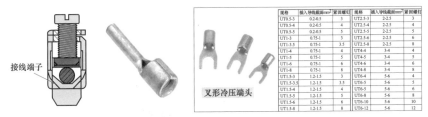

规格	插入导线截面(mm²)	紧固螺钉	规格	插入导线截面(mm²)	紧固螺钉
UT0.5-3	0.2-0.5	3	UT2.5-3	2-2.5	3
UT0.5-4	0.2-0.5	4	UT2.5-4	2-2.5	4
UT0.5-5	0.2-0.5	5	UT2.5-5	2-2.5	5
UT1-3	0.75-1	3	UT2.5-6	2-2.5	6
UT1-3.5	0.75-1	3.5	UT2.5-8	2-2.5	8
UT1-4	0.75-1	4	UT4-4	3-4	4
UT1-5	0.75-1	5	UT4-5	3-4	5
UT1-6	0.75-1	6	UT4-6	3-4	6
UT1.5-3	1.2-1.5	3	UT4-8	3-4	8
UT1.5-3.5	1.2-1.5	3.5	UT6-4	5-6	4
UT1.5-4	1.2-1.5	4	UT6-5	5-6	5
UT1.5-5	1.2-1.5	5	UT6-8	5-6	8
UT1.5-6	1.2-1.5	6	UT6-10	5-6	10
UT1.5-8	1.2-1.5	8	UT6-12	5-6	12

叉形冷压端头

图 3-25　接线端子外形与规格

3.12　导线和接线端子的连接方式

导线与接线端子接方式有绕焊、搭焊。搭焊连接方便，但是强度、可靠性差。搭焊有的是经过镀锡的导线搭到接线端子上进行焊接，该种情况仅用在临时连接或不便于缠、钩的地方以及某些接插件上。对调试或维修中导线的临时连接，也可以采用其他搭焊方法（见图 3-26、图 3-27）。

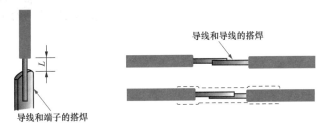

图 3-26　搭焊

导线与接线端子的绕焊是把经过镀锡的导线端头在接线端子上绕一圈，然后用钳子拉紧缠牢后进行焊接。缠绕时，导线一定要紧贴端子表面，绝缘层不要接触端子，并且 L 一般取 1~3mm 为宜。

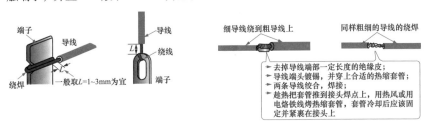

图 3-27　绕焊

3.13 导线与针孔式接线桩的连接（压接）

导线与针孔式接线桩连接（压接）的方法与操作要点：先把要连接的导线线芯插入线桩头针孔内，导线裸露出针孔大于导线直径 1 倍时需要折回头插入压接，然后拧紧螺钉（见图 3-28、图 3-29）。

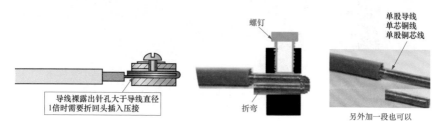

图 3-28　单股导线与针孔式接线桩的连接

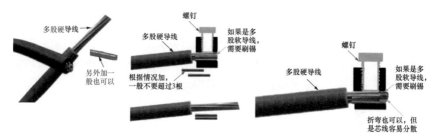

图 3-29　多股导线与针孔式接线桩的连接

3.14 导线的焊接

由于铜导线的线径与敷设的场所不同，其采用的焊接方法也不同（见图 3-30~图 3-32）。

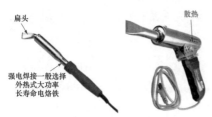

名称	规格	焊嘴尺寸	长度（不含线）
轻巧型电烙铁	220V~30W	φ3×70mm	210mm
轻巧型电烙铁	220V~40W	φ3×70mm	210mm
轻巧型电烙铁	220V~60W	φ6×80mm	210mm

名称	规格	焊嘴最高温度	长度（不含线）
尖嘴大功率电烙铁	220V~80W	480℃	270mm
扁嘴大功率电烙铁	220V~100W	500℃	270mm
尖嘴大功率电烙铁	220V~150W	550℃	275mm
扁嘴大功率电烙铁	220V~200W	580℃	275mm
扁嘴大功率电烙铁	220V~300W	600℃	300mm

图 3-30　电烙铁焊接

一般采用电烙铁焊接线径较小导线的连接。操作要点：先把导线需要焊接处剥去绝缘层，然后在导线连接处加焊剂，再用电烙铁进行锡焊。

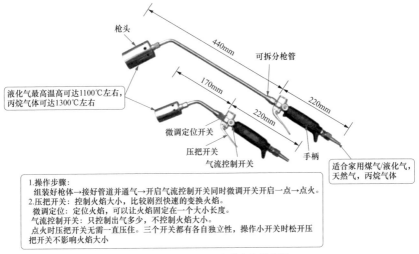

图 3-31　喷灯（或电炉）加热焊接

喷灯（或电炉）加热焊接的操作要点：将焊锡放锅内，然后用喷灯（或电炉）加热，等焊锡熔化后，即可进行涮锡。加热时需要掌握好温度；如果温度过高，则涮锡不饱满。如果温度过低，则涮锡不均匀。另外，锡焊完成后，需要用布将锡焊处的焊剂与其他污物擦干净。

采用导线焊接机等设备进行焊接。

图 3-32　超声波线束焊机焊接

▶ 3.15　导线绝缘的恢复

导线绝缘的恢复可以采用绝缘带包扎以实现其绝缘的恢复，见图 3-33。缠绕要点：

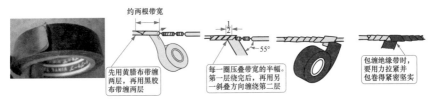

图 3-33　导线绝缘的恢复

（1）缠绕时应使每圈的重叠部分为带宽的一半。

（2）接头两端为绝缘带的 2 倍。

家装强电施工中的电线均可以采用耐压 500V 的绝缘电线。但需要注意耐压为 250V 的聚氯乙烯塑料绝缘软电线，也就是俗称胶质线或花线只能用作吊灯用导线，不能用于布线。从此也可以发现，导线绝缘的恢复所采用的绝缘带耐压不得低于 500V。

3.16 插头的连接

三极插头及二极插头的连接如图 3-34、图 3-35 所示。

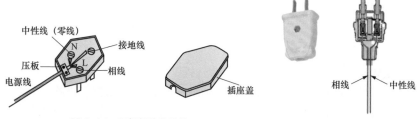

图 3-34　三极插头的连接　　　　　图 3-35　二极插头的连接

选择插头需要选择额定电压、额定电流符合要求的，尤其是热水器、电烤器、空调等电器用的插头应选择专用类型的。

3.17 开关面板的检测

开关面板的检测可以采用万用表来检测，具体操作要点：开关面板接线端的相线端头、中性线端头应具有正常通、断状态，即万用表电阻挡检测时，开关关闭电阻为 0，开关断开电阻为 ∞（见图 3-36）。如果，恒 0 或者恒 ∞ 状态，说明开关异常。如果是新的开关，可以通过按动开关的感觉与声音、外观来判断：开关手感应轻巧、柔和无紧涩感，声音清脆，开关在开闭一次到位，应没有出现中间滞留的现象。另外，开关塑料面板表面适感完美、没有气泡、没有裂纹、没有缺损、没有明显变形划伤，没有飞边等缺陷的开关面板均是合格的开关面板。

数字万用表（见图 3-37）与机械万用表的检测方法基本相同，也就是首先根据检测物理量调好挡位，然后检测。

3.18 开关的安装步骤

开关的安装步骤如图 3-38 所示。

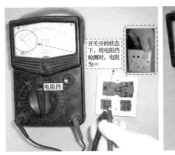

图 3-36　开关面板的检测

图 3-37　数
字万用表外形

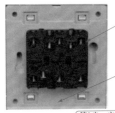

第1步：取下面板。
用螺丝刀将插座
面板从底座上取下

第2步：连接导线。正确
连接导线，确保机械连接
及电气连接安全可靠

第3步：安装螺丝。
固定底座可根据
需要，通过固定
圆孔来调节安装
完成

有的产品需要底盒
深度>35mm

图 3-38　开关的安装步骤

3.19　翘板开关的安装

翘板开关的安装方法与要点如图 3-39 所示。

1　用一字螺丝刀撬开面板和盖板，用力要恰当。

2　将线头直接插入后座接线孔内，并确定线头插到
底，然后用一字或十字螺丝刀拧紧压线螺钉。

3　用固定螺丝将安装架与暗盒拧紧（不要使安装
架扭曲变形），最后扣上盖板和面板。

4　正确接线安装后，接通电源即可使用。

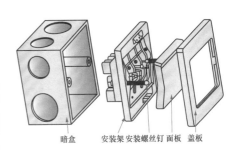

暗盒　　安装架 安装螺丝钉 面板　盖板

图 3-39　翘板开关的安装方法与要点

▷ 3.20 墙壁式双拉线开关的安装

墙壁式双拉线开关的安装如图 3-40 所示。

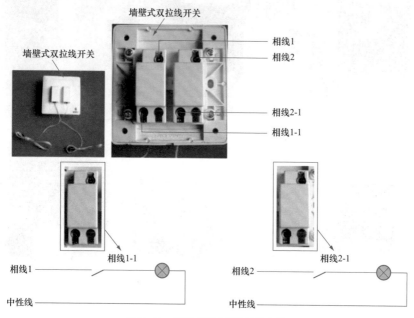

图 3-40 墙壁式双拉线开关的安装

▷ 3.21 单联开关的安装

单联开关的安装如图 3-41 所示。

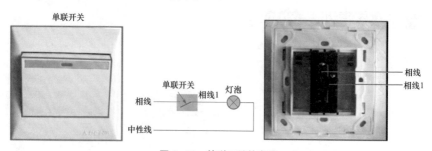

图 3-41 单联开关的安装

▷ 3.22 三开单控开关的安装

三开单控开关可以实现三路线路的控制,例如控制灯具 1、灯具 2、灯具 3
(见图 3-42)。

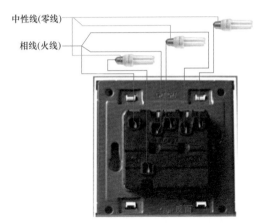

图 3-42　三开单控开关的安装

3.23　三联开关的安装

三联开关的安装如图 3-43、图 3-44 所示。

三联开关并联形式，就是三联开关各自独立连接自己的引入相线与引出相线，它们间的端头接线不互连（包括引入端头、引出端头）。

说明：四联开关等多联开关连接与三联开关连线类似。

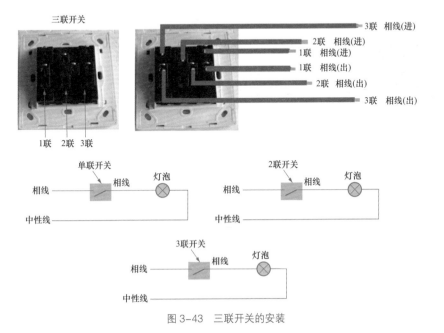

图 3-43　三联开关的安装

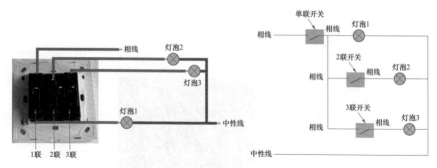

图 3-44　三联开关的安装

▶ 3.24 四开单控带荧光开关

四开单控带荧光开关也有是具有单独的四个独立控制的开关,并且按钮上带荧光。

四开单控带荧光开关的连线安装分为独立并联安装与其他安装。其他安装包括四开单控带荧光开关面板上不同的搭接。

独立并联安装就是四个开关单独控制各自的线路,一般分别从外部引来进线,从面板四个开关端接口引出出线,也就是具有分明的4组。当然,四开单控带荧光开关也可以采用1开单控带荧光开关,或者2、3开单控带荧光开关,剩下的开关可以作为预留开关(见图 3-45)。

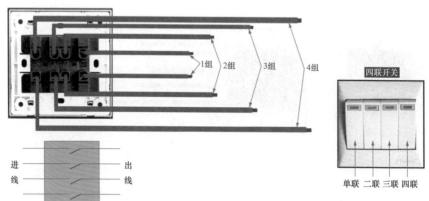

图 3-45　独立并联安装

四开单控带荧光开关其实也就是四联单控带荧光开关。四联开关比三联开关多了一个开关,也就意味着多了一组导线(1进线与1出线),因此对于PVC电线管的容纳有更进一步的要求。

在面板上进行有关导线的连接,需要注意底盒的容纳度、接线孔是否能够容纳多根电线的一起插入与固定,以及考虑不同联开关间的距离,见图 3-46。

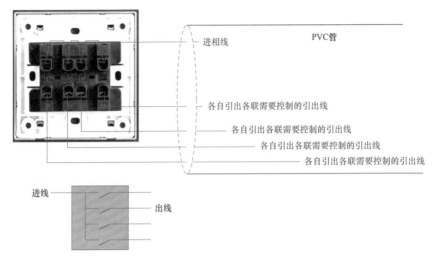

图 3-46　在面板上进行有关导线的接线

四联开关、三联开关等多联开关尽管可以采用几总几分方式：分几个总开关几个分开关。但是，实际应用中，为考虑安全、合理一般不采用该几总几分方式。如果确实需要总开关，可以另外采用一个独立面板的开关，这样独立性区分（见图 3-47）。

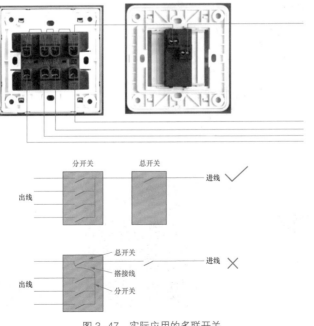

图 3-47　实际应用的多联开关

3.25 双控一开开关的接线

　　两个双控开关在两个不同位置可以共同控制同一盏灯,如位于楼梯口、大厅、床头等,应用时需要预先布线(见图 3-48、图 3-49)。双控开关也可以用作单控开关,单独控制一个灯。

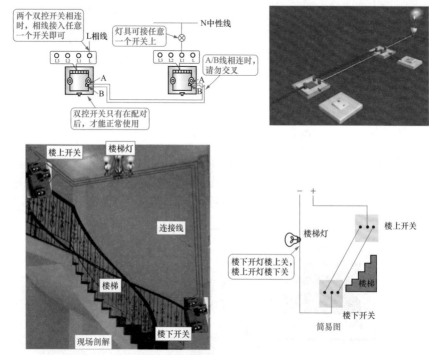

图 3-48　双控一开开关接线的方法

图 3-49　双控一开开关接线

3.26 双控双开开关的接线

双控双开开关的接线如图 3-50 所示。

图 3-50　双控双开开关的接线

3.27 双控三开开关的接线

双控三开开关的接线如图 3-51 所示。

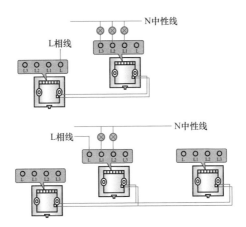

图 3-51　双控三开开关连线的接线

3.28 三线制触摸延时开关的接线

三线制触摸延时开关适用于楼道、走廊、地下通道、洗手间等需要自动关灯的场所。

使用三线制触摸延时开关时，需要注意：严禁短路、严禁过载使用（对灯泡总功率有要求）、严禁超功率范围使用、严禁带电操作等要求。

三线制触摸延时开关适用于灯具、抽气扇。其一般延时时间 ≤ 60s。

三线制触摸延时开关接线方法如图 3-52 所示。

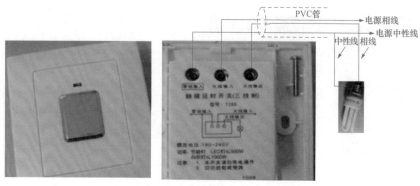

图 3-52　三线制触摸延时开关的接线

3.29　单控二开触摸开关的接线

单控二开触摸开关又称双回路触摸开关，接线见图 3-53、图 3-54。

单开双控开关与单开普通开关面板的差异：单开双控开关背面连线孔有三个，而单开普通开关背面连线孔只有两个。

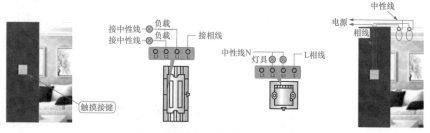

图 3-53　单控二开触摸开关的接线

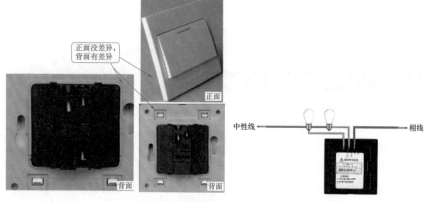

图 3-54　单控二开触摸开关接线

3.30 单控三开触摸开关的接线

单控三开触摸开关连线又称三回路触摸开关连线（见图 3-55）。

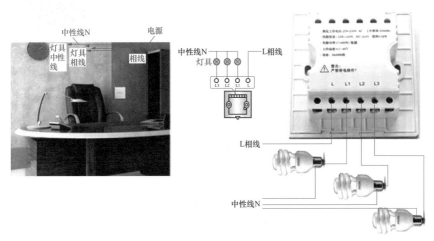

图 3-55 单控三开触摸开关接线

3.31 单控遥控一开开关的接线

单控遥控二开开关与单控遥控三开开关、单控二开触摸开关及部分单控三开触摸开关的接线基本一样。单控遥控一开开关接线如图 3-56 所示。

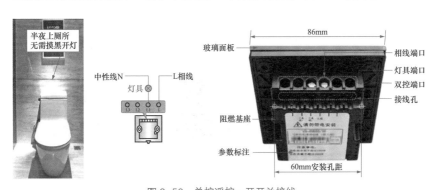

图 3-56 单控遥控一开开关接线

3.32 定时开关的接线

定时开关的接线方法如图 3-57 所示。

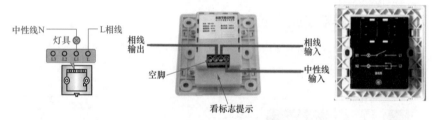

图 3-57   定时开关的接线

▶ 3.33 调光开关的接线

调光开关的接线方法如图 3-58 所示。

图 3-58   调光开关的接线

▶ 3.34 调光遥控开关的接线

调光遥控开关接线的方法如图 3-59 所示。

玻璃面板   触摸背板   功能主板   阻燃基座

图 3-59   调光遥控开关的接线方法

▶ 3.35 功能开关的接线

功能开关的组成及其安装方法与要点、步骤如图 3-60、图 3-61 所示。

功能件　　　　　　　面板

图 3-60　功能开关的组成

第1步：先安装好暗盒，然后预放的线剪去多余的导线，注意留足安装的长度与维修的长度，一般在暗盒中绕一圈即可

第2步：安装好支架，注意外观上要平行、整齐

第3步：连接功能单元，注意连接牢靠，也不要用力过大把端子拧坏

第4步：扣好功能单元，如果是靠螺钉固定的，则螺钉不可以太长，以免损坏导线

第5步：扣好外框，注意，不得看到里面的部件，缝隙要小，并且紧靠墙壁

图 3-61　功能开关的安装方法与要点、步骤

▶ 3.36 ⁑ 特殊开关面板的接线

特殊开关面板的安装如图 3-62、图 3-63 所示。

特殊开关在智能化家装中有不少应用，不同的开关有不同的安装特点。

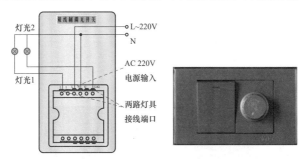

图 3-62　特殊开关面板的安装（一）

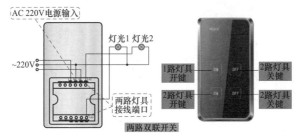

图 3-63　特殊开关面板的安装（二）

3.37 插座的检测

　　家居常用电器需要配套使用的插座需要在装饰前掌握好：一般功率大的为三孔插座，功率小的为二孔插座。如果不怎么了解，则采用5孔插座面板，即三孔插座＋二孔插座的面板，这样可以适应大多数电器的需求。

　　插座面板的检测可以采用万用表电阻挡来检测：插座面板的相线、中性线、地线间正常均不通，即万用表电阻挡检测时，电阻为∞（见图3-64）。如果，出现短路的现象，则不能够安装。

图3-64　插座的检测

3.38 插座的安装

　　插座的安装如图3-65、图3-66所示。
　　插座面板接线要求是"左零右火"，L接相线，N接中性线。

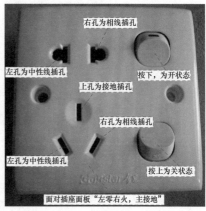

图3-65　插座的安装（一）

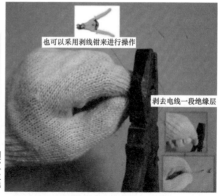

也可以采用剥线钳来进行操作

剥去电线一段绝缘层

先采用比孔径小的物件插入开关接线柱内，可以大概了解开关接线柱深度，从而作为剥离电线绝缘层的尺寸依据

开关后部与电线相连，不同产品有不同的连接方式。一般有螺钉压线、双板压线、快速接线三种接线方式

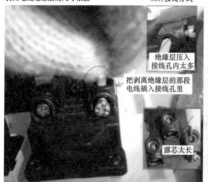

绝缘层压入接线孔内太多

把剥离绝缘层的那段电线插入接线孔里

露芯太长

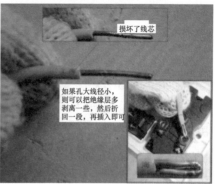

损坏了线芯

如果孔大线径小，则可以把绝缘层多剥离一些，然后折回一段，再插入即可

图 3-66　插座的安装（二）

> 3.39 ⧉ 插座接线方式

插座接线方式如图 3-67 所示。

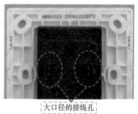

大口径的接线孔

面框

冷压钢板

PC面板

双保护门

磷青钢部件

PC阻端底座

图 3-67　插座接线方式

插座接线方式如下：

（1）螺钉压线。通过螺钉横向旋入接线柱，挤压电线使之和接线柱对接牢固。具有接线牢靠、不容易脱扣、电线金属芯上会产生划痕等。

（2）双板压线。通过小螺钉收紧两个小金属片，使金属片之间的电线被加紧。如果同时接两根不同线径的电线时，细的一根容易松脱。

（3）快速接线。将剥开的线头直接插入接线孔即能完成接线，不需要使用螺钉旋具等工具。其接线孔内部有一个簧片，单向插入比较方便，反向拔出就会被卡住，需要捅拆线孔才能把线拔出来。此类产品对接的电线有较多限制，偏粗、偏细、偏软的电线均不适合。

常见插座的安装方法如图 3-68 所示。

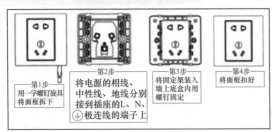

图 3-68　常见插座的安装方法

3.40 插座接线

插座接线如图 3-69 所示。

插座安装的要求：

（1）家庭强电安装要求规范，普通墙插的高度一般离地面要 40cm。

（2）影音电器需要根据实际情况来调整插座的高度。

（3）一些比较注重设计感的电视柜高度较低，只有 30cm 左右，采用普通插座的高度时需要调整。以免出现墙插露在外面，影响美观的问题。普通电视柜高

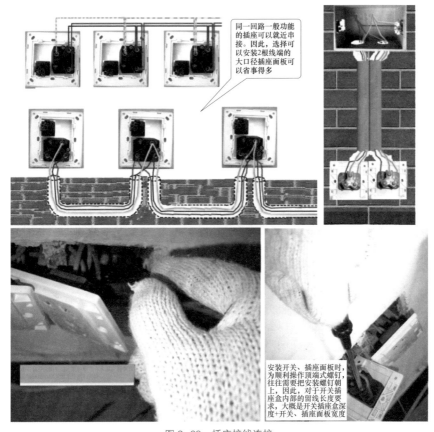

图 3-69　插座接线连接

度有的为 50cm 左右。如果电视墙插的高度采用 40cm，则会出现柜体遮挡墙插，引起操作不便的问题。因此，在装修前最好确定电视柜的类型，以便确定电视墙一面墙插的高度。

（4）背景墙最好布置 1~2 个 3 联的双孔墙插，以及 2 个 5 孔墙插，以满足电视机、功放、机顶盒、碟机、游戏机的需要。

（5）有时一个插座端口需要连接 2 根线，但是，一般不建议超过 2 根线。

（6）3 匹以上柜式空调机、即热式电热水器等大功率电器，总功率不超过 7360W，电器无三片插头，直接接线。为此，可以选择断路器代替插座。

（7）面对插座接线是左零右火。三孔插座上面是接地端。

（8）盒内的插座端接线不允许有铜线裸露超过 1mm 长度。

（9）开关插座不允许安装在瓷砖腰线与花砖上。

（10）所有插座内的导线预留长度应大于 15cm。

（11）插座与水龙头的距离不得小于 10cm，以及插座不得在水龙头的正下方。

（12）落地安装插座需要选安全型插座，安装高度距地面宜大于 0.15m。

（13）插座的接地端子不能够与中性线端子直接连接。

（14）暗装插座需要采用专用盒，线头需要留足 150mm，专用盒的四周不应有空隙。插座盖板需要端正，紧贴墙面。

（15）电暖器安装不得使用普通插座，不得直接安装在可燃构件上。

（16）同一室内的电源、电话、电视等插座面板需要在同一水平标高上。

（17）厨、卫应需要安装防溅插座。

（18）插座安装的高度低于 1.3m 时，其导线需要改用槽板或管道布线。

（19）居民住宅与儿童活动场所不得低于是 1.3m。

（20）插座的容量需要与用电设备负载相适应，每一个插座只能够允许接用一个电器。

（21）1kW 以上的用电设备，其插座前需要加装刀开关控制。

（22）插座应选择带安全门的防护型的。

（23）卫生间的插座不能够设在淋浴器的侧墙上，安装高度为 1.5~1.6m。

（24）排气扇插座距地 1.8~2.2m。厨房插座距地为 1.5~1.6m。抽油烟机电源插座距地 1.6~1.8m。

（25）电饭煲、微波炉、洗衣机用单相三孔带开关的插座比较方便。

（26）卧室中的空调插座安装高度距地 1.8~2.0m，采用带开关的单相三孔插座。

（27）普通插座回路设一回路还是两回路，可以根据房屋面积的大小、所设的插座数量的多少来考虑。如果房屋面积比较大，普通插座数量多，以及插座线路长，需要考虑线路、电气装置的漏电流，以及也需要考虑漏电断路器的动作电流为 30mA，一般需要设两个普通插座回路。

（28）插座的设置，需要考虑使用方便，用电安全，其数量不宜少于下列数值：

1）餐室。电源插座 1 组。

2）厨房。电源插座 3 组。

3）次卧室。电源插座 3 组。

4）起居室。电源插座 4 组，空调插座 1 个。

5）卫生间。电源插座 1 组。

6）主卧室。电源插座 4 组，空调插座 1 个。

每组插座是一个单相二孔与一个单相三孔的组合。插座的选型，需要根据装修档次、风格等因素来选择。

插座的安装要求如图 3-70 所示。

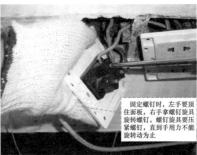

为便于翻转面板，顺利插入电线、旋紧螺钉，电线的长度有要求

固定螺钉时，左手要顶住面板，右手拿螺钉旋具旋转螺钉，螺钉旋具要压紧螺钉，直到手用力不能旋转动为止

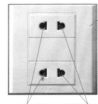
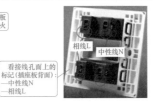

面对两孔插座板正面—左零右火

看接线孔面上的标记(插座板背面)：
—中性线N
—相线L

相线L 中性线N

左一个插孔接中性线 右边插孔接相线

一般插座下沿距离地面0.3m，且安装在同一高度，相差不有超过5mm

分体式、挂壁空调插座宜根据出线管预留洞位置，在距地面1.8m处设置，窗式空调插座可在窗口旁距地面1.4m处设置，柜式空调器电源插座宜在相应位置距地面0.3m处设置

厨房、卫生间、露台，开关设置应尽可能不靠近用水区域，如靠近，应加配开关防溅盒，厨房灶台正上方不能设置开关

露台插座距地应在1.4m以上，且尽可能避开阳光、雨水所及范围

电冰箱插座距地面0.3m或1.5m(根据冰箱位置而定)宜选择单三极插座。
洗衣机插座距地面1.2~1.5m，选择带开关的三极插座

图 3-70　插座的安装要求

3.41 插座的选择

插座的选择方法与要求：

（1）尽量选择防弹胶等优质材料的面板插座。如果选择普通 PC 料的插座，则阻燃性差、不耐高温。

（2）尽量选择大接线端口的插座，一般家庭接线导线为 6mm² 以下，中央空调需要 6mm² 的电线。

（3）5 孔插座是应用很广、很普遍的一种插座。选择该插座时，需要注意 2 孔与 3 孔的间距，否则不能够同时应用。另外，也可以选择错位的 5 孔插座，该类插座具有间距大等特点。

（4）保护门能够防止异物掉入插座，防止儿童意外插入异物而触电，防止插头单极插入，最大可能的减少由此引发的触电、短路事故。因此，需要选择具有保护门的插座。

（5）选择具有 CCC 标识认证的插座。

（6）应选择本体结构紧凑、质地坚硬、标注字迹清晰的插座。

（7）应选择内部导电铜材厚的插座。

（8）应选择插拔力度适中、无过紧与过松的插座。

（9）应选择后座不要太厚的插座，以免影响接线安装。

（10）有金属外壳的家用电器，如落地灯、洗衣机等应选用带保护接地的三极插座。

（11）卫生间等易着水的场所，应选用防溅水型的插座。

（12）对雷电敏感的设备（如电脑）最好选用防雷插座。

（13）选择的电源插座的额定电流值需要大于所接家用电器的负载电流值。

（14）空调、热水器等电器一般插头是 16A 三扁插，因此需要选择 16A 的插座。

（15）单相柜机空调一般不带插头，只留有电线接头。因此，一般需要选购 16A 的插座。

（16）选择的插座，需要满足电器的插头规格。

（17）墙壁插座使用环境与用处不同，因此，需要因地制宜选择适合的墙壁插座。

常用插座的技术参数见表 3-1。

表 3-1　　　　　　　　　　　　常用插座的技术参数

特点	32A 接线式插座	16A 国标插座	10A 多功能插座	10A 国标插座
漏电保护	有	有	有	有
中性接地保护	有	有	有	有
浪涌保护	有	有	有	有
插座功能	有，仅二极	有，二三极	有，二三极	有，二三极
三极插座类型	无	国标	多功能	国标
开关功能	有	有	有	有
额定工作电流（A）	32	16	10	10
运作漏电流（mA）	30	6/10	6	6
运作跳闸时间（s）	0.025	0.025	0.025	0.025
适用电器及场合	7200W 以下无插头，需直接接线的电器，如空调柜机、即热式电热水器	3680W 以下普通电器，如分体式空调、大功率热水器，电器插头为 16A	2300W 以下普通电器及电脑产品，电器插头为 10A	2300W 以下普通电器，电器插头为 10A

▶ 3.42 ⹅ 10A 插座与 16A 插座

10A 插座与 16A 插座的比较如图 3-71 所示。

10A的插头和16A的插座是不配套的，10A的插头无法插入16A的插座内

 孔距较大一些　　 孔距较小一些

16A插座可以承受3000W以内的电器功率
10A插座功率最好控制在1800W以内
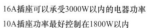

16A插座　　　　　10A插座
　　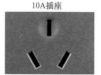　　

16A三孔插座是大功率专用插座，常用的挂壁式空调(1.5P、2P)、热水器等一般用16A空调插座。电脑电源、油烟机、电视、洗衣机、电冰箱、电饭煲、电风扇、手机充电器、微波炉等家用电器都是10A的插头，用10A五孔插座

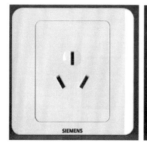　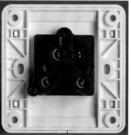

图 3-71　10A 插座与 16A 插座的比较

3.43 插座的连接

单相二孔插座：水平安装时为左零右相，垂直安装时为上相下零。单相三孔扁插座是左零右相上为地，不得将地线孔装在下方或横装。

如果需装熔断器，熔断器应装在相线上。

插座电路如图 3-72 所示。

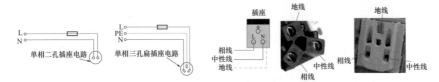

图 3-72 插座电路

插座的接线如图 3-73 所示。

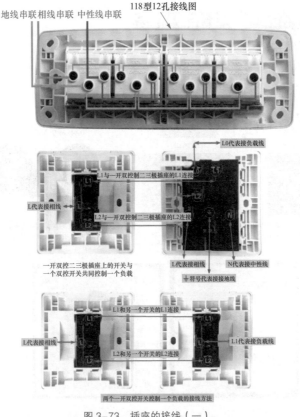

图 3-73 插座的接线（一）

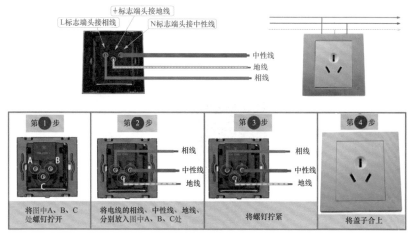

图 3-73　插座的接线（二）

3.44 插座安装后紧贴安装物体

插座安装后要紧贴安装物体，如图 3-74 所示。

图 3-74　插座安装后紧贴安装物体

暗装的插座面板需要紧贴墙面、四周无缝隙、安装牢固、表面光滑整洁、无碎裂、划伤，见图 3-75。

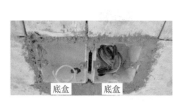
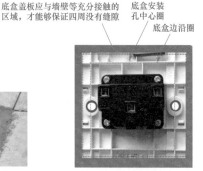

图 3-75　暗装插座面板需要紧贴墙面、四周无缝隙

3.45 七孔插座的安装

图 3-76 所示七孔插座为模块化结构的插座，其内部已经把插座间的电气连接好了，因此只需要接入相线、中性线、地线。

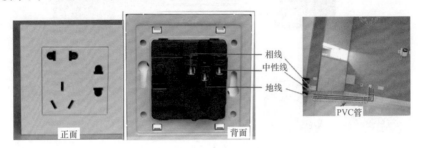

图 3-76　七孔插座的安装

3.46 一开 16A 三孔空调插座的安装

一开 16A 三孔空调插座可以实现插座面板上的开关控制插座的功能，见图 3-77。16A 三极扁脚插座的安装方法与要点如图 3-78 所示。

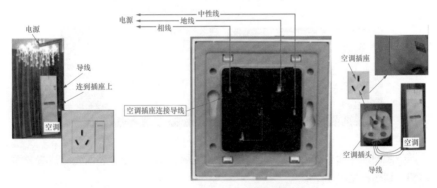

图 3-77　一开 16A 三孔空调插座的安装

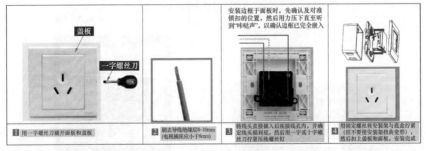

图 3-78　16A 三极扁脚插座的安装方法与要点

3.47　连体二三极插座的安装

连体二三极插座的安装方法与要点如图 3–79 所示。

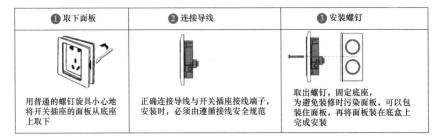

❶ 取下面板	❷ 连接导线	❸ 安装螺钉
用普通的螺钉旋具小心地将开关插座的面板从底座上取下	正确连接导线与开关插座接线端子，安装时，必须由遵循接线安全规范	取出螺钉，固定底座，为避免装修时污染面板，可以包装住面板，再将面板装在底盒上完成安装

图 3–79　连体二三极插座的安装方法与要点

3.48　带开关的插座

带开关的插座可以是开关控制插座，也可以开关不控制插座（见图 3–80）。带开关的插座连接时，需要注意插座的三端口，一定是分别接相线、中性线、地线，不得出现有 2 个或者 3 个接线端接相同性质的导线，例如出现 2 相线、1 地线；2 中性线、1 地线等。尽管，有的情况下可以不接地线，但是该接地端也只能够空着，不得改接相线或者中性线。也就是说，插座三孔连接的接线不得随意改变，L 端就是接相线、N 端就是接中性线，剩下是一端就是接地线。

带开关的插座连接时，需要了解开关的两端口连接情况：该两端口连接的是相线入端与出端。相线入端来自哪里，也就是搭接，可以考虑就近特点。出端也就是要连接到开关需要控制的电器，例如插座、灯泡等。开关的两端口没有硬性规定哪端是入端，哪端是出端。尽管如此，但是不同的入端，出端会影响开关是按下去（按左或右）是开、还是按上去（按左或右）是开。现实安装中，也不会纠结该点，只要把导线留足够，如果开关动作与需要相反，则只要把开关两端口的导线互换连接一下即可。另外，尽管开关的两端口连接中性线也可以实现开关的控制功能，甚至，有时候为了考虑操作安全特意让开关控制中性线的通断，从而达到开关的通断作用。但是，在家装强电领域一般还是遵守开关控制相线的原则。

如果开关不控制插座，则该插座的连接方式有两种，如图 3–81 所示。

其中一种方式插座外可以少引一根相线，该相线在另外一种方式中通过插座背面接线端实现了相应连接方式。具体采用哪种方式，可以根据保护管 PVC 的导线容纳度与底盒导线容纳度来确定即可。

说明：对于安全用电必须做到"四不"，即不接触低压带电体，不靠近高压带电体，不弄湿用电器，不损坏绝缘层。

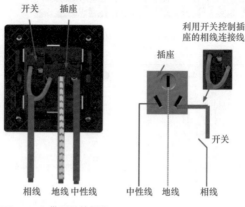

图 3-80 带开关的插座

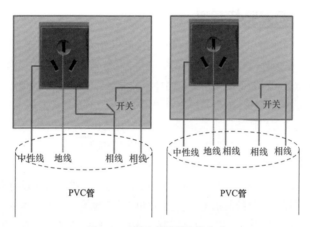

图 3-81 插座的两种连接方式

3.49 5孔带开关插座与3孔带开关插座

5孔带开关插座与3孔带开关插座的比较如图 3-82、图 3-83 所示。

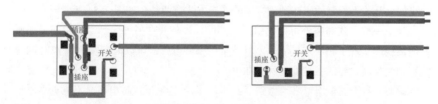

图 3-82 5孔带开关插座与3孔带开关插座的接线比较

5孔带开关插座

3孔带开关插座

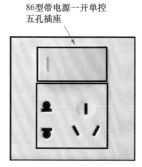
86型带电源一开单控
五孔插座

图 3-83　5 孔带开关插座与 3 孔带开关插座面板

▶ 3.50 ▒ 地面插座的安装

地面插座的安装方法与要点见表 3-2。

表 3-2　地面插座的安装方法与要点

类型	步骤	解说
预埋型地面插座的安装（该安装方法适用于翻盖型地插、弹出型地插、旋盖型地插在基础地面为混凝土浇筑的场合）	地面插座钢底盒的安装	（1）钢底盒的定位。根据施工图确定钢底盒的具体安装位置，以及用金属线管将钢底盒连接起来，然后在其周围浇铸混凝土进行固定。 （2）预埋深度。首先根据要求选择适当厚度的预埋钢底盒，再根据地面及楼板的结构进行预埋处理。一般钢底盒的上端面需要保持在地平面 ±0.00 以下 3~5mm 的深度，再在其周围浇注混凝土固定。 （3）钢底盒厚度的选择。 1）预埋深度在地面找平层与装饰层间、预埋深度要求小于 55mm 时，可选超薄型钢底盒。 2）预埋深度在地板钢筋结构之上到装饰层间的，可以选用厚度为 65~75mm 标准的预埋型钢底盒。 （4）注意事项。 1）钢底盒在浇注混凝土固定前，需要确认钢底盒与金属线管接地良好。 2）将钢底盒的保护上盖盖好，以防止施工期间灰尘、杂物落入
	地面插座上盖的安装	（1）清理场地。首先去掉钢底盒上的保护盖，清理安装洞口周围的渣土、杂物。 （2）防腐处理。地面装饰层的装饰材料，例如大理石、瓷地砖与不适当配比的混凝土材料在没有完全干燥时有可能产生泛碱反应，将对地面插座的上盖产生较强的腐蚀作用。因此，在地面插座洞口周围的混凝土尚未完全干燥时，暂不能安装上盖。安装上盖前，可以在洞口周围刷 1~2 层防腐涂料以避免泛碱反应给上盖造成的腐蚀。 （3）接地。安装强电插座的地面插座时，需要将上盖的连接地线与底盒进行可靠的连接。 （4）上盖的固定。用螺钉将上盖与底盒拧紧，固定好。 注意：上盖的安装工作需要在地面装饰层完成并干燥后进行

续表

类型	步骤	解说
地板型地面插座的安装：该种安装方法适用于地板型地面插座在基础地面为架空式防静电地板的场合	地面插座钢底盒的安装	（1）钢底盒的定位。根据需要在安装地面插座的防静电地板块上开出方洞，开洞尺寸需要比钢底盒的实际外形尺寸大 5mm。 （2）安装深度。钢底盒的上端面需要低于地板表面 3~5mm。针对不同厚度的防静电地板块可通过在钢底盒上的安装弯角与防静电地板块底面间增减垫片进行安装深度的调整。 （3）钢底盒的固定。将需要穿线的钢底盒上的敲落孔敲掉，以及用蛇皮管接头连接好，然后用自攻螺钉将钢底盒上的弯角固定在防静电地板上
	地面插座上盖的安装	（1）清理现场。需要将地板洞口周围清理、擦拭干净。 （2）接地。安装强电插座的地面插座时，需要须将上盖的接地连线与钢底盒进行可靠的连接。 （3）固定。用螺钉将上盖与钢底盒拧紧，固定好

▷ 3.51 开关和插座安装的高度

开关和插座安装的常见高度如图 3-84 所示。

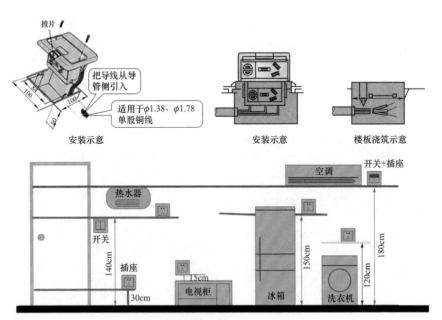

图 3-84　开关和插座安装的常见高度

▷ 3.52 漏电保护插座的安装

漏电保护插座的尺寸及安装如图 3-85~ 图 3-88 所示。

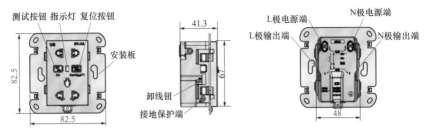

图 3-85　漏电保护插座的尺寸及安装（一）

一般漏电保护插座使用标准 86 型接线盒，可直接暗装，明装需要配防水盒或加厚垫。一些漏电保护插座安装的要求：使用标准 86 型接线盒，接线盒深度需在 50mm 以上，明盒安装时需特别注意该深度要求（因为一般的明盒都只有 30~40mm 深）。

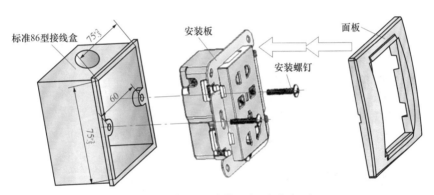

图 3-86　漏电保护插座的尺寸及安装（二）

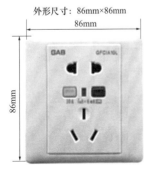

图 3-87　漏电保护插座的尺寸及安装（三）

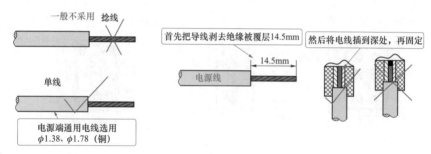

图 3-88　漏电保护插座的安装

3.53 暗盒的安装

暗盒如图 3-89 所示。

图 3-89　暗盒

暗盒的主要安装步骤：了解暗盒安装的要求→选择好暗盒→定好暗盒的位置→根据暗盒大小开孔→穿好管→调整与固定暗盒，见图 3-90、图 3-91。

根据选择好的暗盒尺寸 +1cm 进行开孔，开孔要与布管的管槽连通，并且管盒连通后能够平稳安装好，这就需要开孔时把暗盒连管的敲落孔对应好连管的位置，并且考虑锁口的厚度对暗盒孔的要求。

　　孔开好之后，把暗盒的线管穿好，把暗盒放在孔内部。如果发现可以，则把暗盒拿出来，用矿泉水瓶装满水，然后在瓶盖上打一个小孔，再把瓶盖对准洞，手挤压瓶即可有水喷出来浇湿安装洞，最后把暗盒放入孔内固定好。

　　多数暗盒的安装需要调整。预埋暗盒要在同一水平线上，如果不是微调安装孔的，则考虑上下水平之外，还要考虑固定孔也要在同一水平线上。不同产品的暗盒尺寸可能存在差异，因此，遇到需要联排预埋的情况需要采用同规格同产品的暗盒。另外，预埋暗盒往往是在地面没有装饰的情况下进行，因此，预埋暗盒需要首先画出标准暗盒线。如果采用地面为基准，则会有高度误差的，也就会造成暗盒不在一个水平线上。

图 3-90　暗盒的安装（一）

　　预埋暗盒的垂直度判断可以借助绳子捆住螺钉旋具、帮手、锤子等进行。预埋暗盒的固定需要分两步进行，即初步固定、完全固定。初步固定就是先单点固定四周几点，以便固定后也能够调整水平度、垂直度、深度。单点固定可以采用小水泥块、小鹅卵石、小砖块等物体卡住暗盒四角位置。

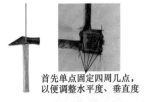

图 3-91　暗盒的安装（二）

　　水平度、垂直度、深度达到要求后，才可以完全固定，用水泥沙浆填满暗盒与墙壁四周的缝隙。在填满缝隙也需要再检查一遍水平度、垂直度、深度是否达到要求，如果暗盒位置动了，则需要及时调整。其中微调可以采用螺钉旋具插入水泥砂浆中撬动暗盒进行调整。

　　暗盒固定后，即可穿线。有的工艺方案是穿好线后在完全固定暗盒。

3.54 多个暗盒的连接

多个暗盒的安装方法与单一暗盒的安装方法基本一样，主要不同是由于多个暗盒的连接带来的一些差异。多个暗盒的安装需要考虑整体性与协调性，见图3-92。

多个暗盒同时排列连接使用，需要考虑暗盒间的距离能够装得下面板，以及面板间没有缝隙。如果选择具有连接扣口的暗盒，则可以直接扣好安装即可。不过，几个单独的三联框连接时，需要注意距离。另外，一些暗盒间的距离是由随产品提供的小插片固定的。

连接扣扣好即可

图 3-92   多个暗盒的连接

3.55 开关盒、插座盒、灯位盒的安装

根据不同的进管方位，开关盒、插座盒、灯位盒可以分为直叉、曲叉、三叉、四叉等类型。

开关盒、插座盒、灯位盒预制时，需要根据所需的方位敲开敲落孔，然后装上锁母，并且各锁母口需要分别用纸封塞，制成各种类型，供预埋时使用，见图3-93。

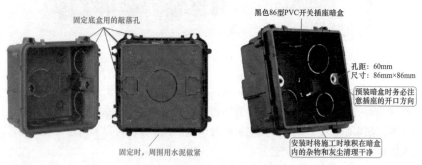

固定底盒用的敲落孔

黑色86型PVC开关插座暗盒

孔距：60mm
尺寸：86mm×86mm

预装暗盒时务必注意插座的开口方向

固定时，周围用水泥做紧

安装时将施工时堆积在暗盒内的杂物和灰尘清理干净

图 3-93   开关盒、插座盒、灯位盒的安装

▶ 3.56 ⋮ 强电配电箱暗装

强电配电箱有明装箱与暗装箱之分，暗装时就选择暗装箱即可，如图 3-94 所示。

强电配电箱一般是长方形的，并且有外露部分，安装时要注意横平竖直。

安装时根据强配电箱的外壳尺寸 +0.5cm 开洞，然后用螺栓安装以及用水泥座紧即可。

1P—相线进断路器，只对相线进行接通和切断，中性线不进入断路器，一直处于接通状态，宽度18mm。
DPN—双进双出断路器，相线和中性线同时接通或切断，对居民用户来说安全性更高。宽度同样为18mm。
2P—2极双进双出断路器，相线和中性线同时接通或切断，但宽度是1P和DPN断路器的2倍，为36mm，通常做总开关用

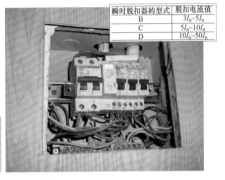

瞬时脱扣器的型式	脱扣电流值
B	$3I_n \sim 5I_n$
C	$5I_n \sim 10I_n$
D	$10I_n \sim 50I_n$

图 3-94　强电配电箱

▶ 3.57 ⋮ 强电配电箱的设置要求

（1）强电配电箱内应设动作电流 30mA 的漏电保护器，分几路经过控制开关后，分别控制照明回路、空调回路、插座回路，如果是别墅，则往往还要细分 2 楼照明回路、1 楼照明回路、2 楼插座回路、1 楼插座回路等情况。

（2）有的家装把卫生间、厨房分别单独设计一回路。

（3）对于有专用儿童房的可以针对该房插座回路单独设计一回路，平时，可以把插座回路关闭。

（4）强配电箱的总开关可以选择不带漏电保护的开关，但是一般要选择能够同时分断相线、中性线的 2P 开关，并且考虑夏天用电高峰期，因此，选择要大一点。卫生间、厨房等潮湿功能间选择的开关一定要选择带漏电保护功能的。

（5）控制开关的工作电流应与终端电器的最大工作电流相匹配，一般情况下，照明 10A、插座 16~20A、1.5P 左右挂壁空调 20A、3~5P 柜式空调 25~32A、10P 中央空调独立的 2P 的 40A、卫生间 / 厨房 25A、进户 2P 的 40~63A 带漏电保护或者不带漏电保护即可。

强电配电箱的回路如图 3-95 所示。

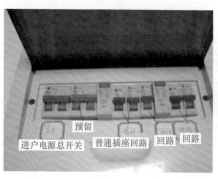

图 3-95　强电配电箱的回路

3.58 强电配电箱的进户

　　强电配电箱的进户线是从电力部门设置电能表箱里引进来的（见图 3-96），因此，家装考虑线路是否满足家庭用电需求时，必须从电源进户线开始考虑。如果电能表及电能表前线路容量不足，则需要由物业公司与电力部门来进行改造，用户家装时，不得任意改动。

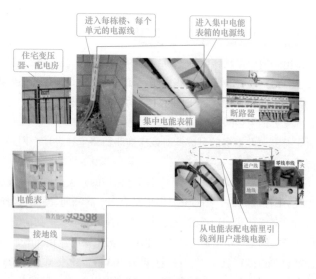

图 3-96　电缆进入民用住宅的方式（一）

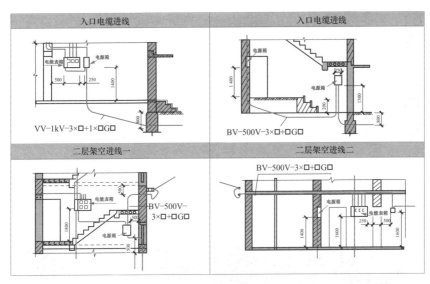

图 3-96　电缆进入民用住宅的方式（二）

3.59 强电配电箱的安装与连接

强电配电箱的安装如图 3-97、图 3-98 所示。

连接线路需要注意以下几点：

（1）区分电源进线端、出线端以及相线、中性线的接法，不能接反。

（2）同相线的颜色尽量一致。

家用强电配电箱内部连接导线截面必须按电器元件的额定电流所对应的导线截面来选择。如果选择绝缘铜导线，一般采用绝缘多股软铜导线。

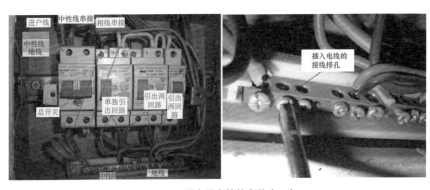

图 3-97　强电配电箱的安装（一）

图 3-98　强电配电箱的安装（二）

3.60 强电配电箱内部断路器的安装

断路器的安装如图 3-99 所示。

图 3-99　断路器的安装

断路器的安装要求：

（1）一般断路器均要垂直安装，并且垂直面倾斜度一般不超过 ±5°（除另有规定除外）。

（2）断路器如果横向叠装，则会使断路器温升过高，将影响保护特性以及分断能力。

（3）断路器一般不允许倒进线，如果倒进线将会严重影响断路器，短路分断能力或分断能力没有保证。

（4）断路器的接线应按具体产品的要求进行，如果没有特别说明的，则应接相关标准规定截面的导线。

3.61 小型断路器的安装与拆卸

小型断路器的安装可以采用 TH-35-7.5 标准安装轨道来安装（见图 3-100）。

小型断路器的拆卸要点与方法如图 3-101 所示。

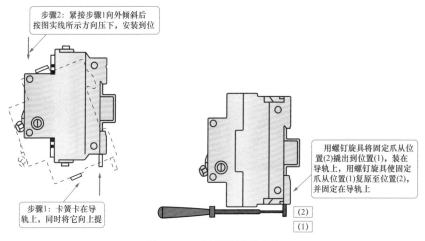

图 3-100　小型断路器的安装

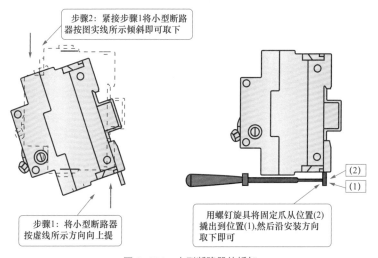

图 3-101　小型断路器的拆卸

▶ 3.62 ⋮ 洗碗机的安装

　　洗碗机的安放位置处，家装水电施工时需要预留电源插座及给水、排水位置（不同的洗碗机安装空间有差异）。洗碗机的安装需要采用专用电源插座，连接到厨房电器专用回路，见图 3-102。

　　接进水管——家装中需要单独为洗碗机预留进水管路、水阀，见图 3-103。

　　接排水管——家装中需要单独为洗碗机预留排水管路，见图 3-104。

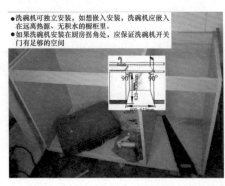

- ●洗碗机可独立安装，如想嵌入安装，洗碗机应嵌入在远离热源、无积水的橱柜里。
- ●如果洗碗机安装在厨房拐角处，应保证洗碗机开关门有足够的空间

洗碗机需要采用专用电源插座，可靠接地

图 3-102　洗碗机专用电源插座

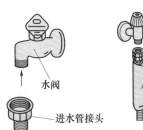

水阀

进水管接头

- ●进水管端部为电磁进水阀。
- ●将进水管与相适应的水管接头（1/2″~3/4″变径接丝）连接，并确认牢靠。
- ●拉开水龙头检查是否漏水。
- ●打开水龙头让水流一会儿，直至水变清且无杂质后再与洗碗机进水管相连。
- ●进水压力为0.03~0.6MPa

图 3-103　洗碗机进水管

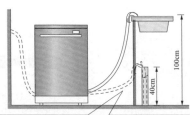

100cm

40cm

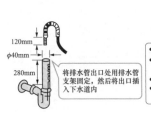

120mm

φ40mm

280mm

将排水管出口处用排水管支架固定，然后将出口插入下水道内

- ●排水管末端可以插入直立下水管的端口内，或使用附件中的排水管支架挂在水池边缘。
- ●如果下水管末端是水平的，请连接一个向上的90°弯头，且向上延伸10~20cm后，再将排水管末端插入其中。
- ●排水管不可浸入下水管内的水面，以防止废水倒流。
- ●任何情况下，排水管的最高部分距离地面都应在40~100cm，下水管的端口应高于自本端口起到本部分下水管汇于主下水管的连接口之间的任何部分

图 3-104　洗碗机排水管

▶ 3.63 浴霸的结构

浴霸有天花板安装式（吸顶嵌入式）、壁挂安装式等，见图 3-105。1157W 的浴霸可以适用 8~10m² 的浴室。浴霸常见的灯泡 275W/ 只、照明灯泡 35W/ 只。

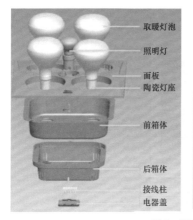

图 3-105　多功能浴霸的结构

3.64　浴霸安装的概述

浴霸的安装如图 3-106~ 图 3-109 所示。

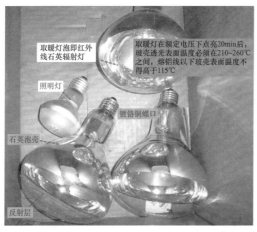

图 3-106　浴霸的安装（一）

浴霸安装的程序：确定浴霸的种类→确定安装位置→开通风孔→安装通风窗→安装浴霸。

浴霸安装的方式有壁挂式安装与吸顶式安装。

红外线取暖泡关键尺寸：玻壳顶部厚度在 0.6~1.0mm，镀铝层处玻壳厚度不得小于 0.4mm，底部厚度在 0.6~1.0mm，最大直径为（125±0.5）mm，透光面高度为（30±1）mm。总体高度 A 型为（183±2）mm；B 型为（174±2）mm；C 型为（165±2）mm。

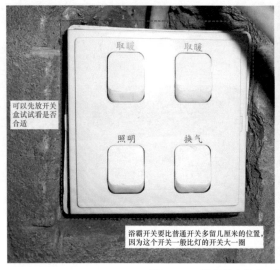

图 3-107 浴霸的安装（二）

安装注意事项：禁止带电作业，应确保断开电路后方能进行接线操作。开关盒内电线不宜过长，接线后将电线尽可能往线管里送，禁止将电线硬塞开关盒内。

电线在吊顶内不能乱拉乱放，配管后其走向宜按明配管一样，做到横平竖直，在配管的接线盒或转弯处都应设置两侧对称的吊支架固定电线管，或将配管使用线卡固定在顶上。分线盒也可打孔下木楔后，用铁钉固定。不得无固定措施放置于龙骨上或固定在吊杆上。

通风管长度一般为 1.5m，故在安装通风管时需考虑通风扇主机安装位置至通风孔的距离。

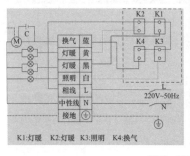

图 3-108 浴霸的安装（三）

图 3-109　浴霸的安装（四）

对于打大孔，需要由专业打孔人员来操作。同时对于打孔的操作应安排在水电施工、瓷砖铺贴之前。浴霸一般需要打大孔，而且是外墙孔。

3.65　壁挂式四灯浴霸的安装

壁挂式四灯浴霸的安装需要注意电暖器安装不得使用普通插座，也不得直接安装在可燃构件上，其主要安装步骤如图 3-110 所示。

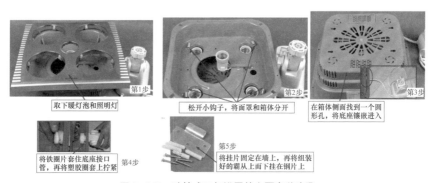

图 3-110　壁挂式四灯浴霸的主要安装步骤

3.66　灯暖型浴霸的安装

安装前要准备的工作包括吊顶、吊顶开孔、固定孔内木龙骨，墙体 / 玻璃开孔、风管放置、电线（一般需五根线）及开关底盒预埋。

灯暖型浴霸的安装如图 3-111、图 3-112 所示。

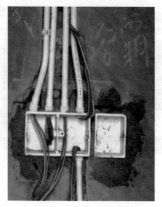

图 3-111 开关底盒预埋

① 取下照明灯罩、照明灯和全部取暖灯

安装尺寸：302mm×302mm 接管尺寸：80mm

② 再拉开拉簧并取下面板

③ 依照开孔尺寸在吊顶上挖孔并搭建木框

④ 将试机插头卸下，根据接线图将电源线接入配线座，然后将箱体卡入木框内

⑤ 将机体调整与木框平齐并用螺钉将箱体固定在木框上

⑥ 通过拉簧将面板安装在吊顶上

⑦ 将取暖灯、照明灯安装到机体上

⑧

图 3-112 取暖照明换气三合一浴霸的安装方法与要点

▶ 3.67 传统 300mm × 300mm 浴霸的安装

传统 300mm × 300mm 浴霸的安装如图 3-113 所示。

300mm × 300mm 的扣板所对应传统浴霸面板的规格一般为 345mm × 345mm，也就是说可以盖住。

①去掉一块300mm×300mm 扣板，留出一个孔

②如果集成吊顶的三角龙骨的间距为270mm,则300mm×300mm的浴霸可以直接放入,不需要将龙骨截掉

③将30mm×30mm的木龙骨放入龙骨中间

⑥将两根钉好的木龙骨靠扣板孔边缘架在三角龙骨的上方,木龙骨的下表应紧贴扣板的上表,或略高于上表即可

④将两木龙骨用3颗长度为60mm以上的铁钉钉牢

⑤另一根木龙骨备用

⑦将两根钉好的木龙骨靠扣板孔边缘架在三角龙骨的上方,木龙骨的下表应紧贴扣板的上表,或略高于上表即可

⑧然后拧下四个取暖红外线泡及中间照明泡,再去掉固定浴霸面板上的四个弹簧,将面板取下

⑨拧下电器罩上的螺钉,打开电器罩。拧下压线板上的螺钉,取下压线板。松开接线柱端子上的固定螺钉,将试机插头线正式安装时不可使用

图 3-113 传统 300mm × 300mm 浴霸的安装方法与要点

其他的步骤也就是放入浴霸、固定浴霸。

3.68 485mm × 300mm × 205mm 浴霸的安装

485mm × 300mm × 205mm 浴霸安装的主要步骤与方法如下：

步骤 1：先取下六块扣板（根据操作是否方便来考虑），然后把主机放入到安装孔内（见图 3-114），并且装好出风管。然后使箱体两条长边贴紧龙骨的下边，再用螺钉旋具把箱体上的几颗螺钉拧出 8~10mm。

取下六块扣板，有利于操作空间

用相应的螺钉旋具将螺钉拧出约8~10mm（两侧对称）

将主机平稳放置到安装孔内

图 3-114 取扣板与放主机

步骤 2：从两侧把扣件组套于箱体螺钉上，见图 3-115。

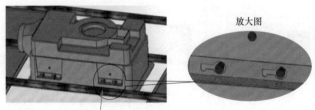

图 3-115　扣件组安装

步骤 3：然后，根据机上提供的指示，例如图 3-116 所示箭头方向滑动箱体固定片，使箱体螺钉嵌入其小槽内，平整妥当后旋紧螺钉。

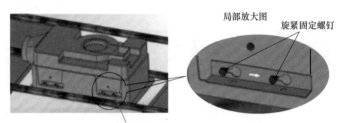

图 3-116　调整固定片

步骤 4：依次调整对角固定片上的螺钉，使箱体牢固的固定在龙骨上，再锁紧螺母，见图 3-117。

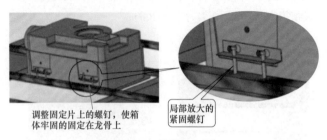

图 3-117　调整固定螺钉

步骤 5：将面板对准主机卡入龙骨，然后安装剩余扣板，并且注意扣板的平整，最后安装取暖灯泡，见图 3-118。

将面板对准主机卡入
龙骨，安装剩余扣板

最后安装取暖灯泡

图 3-118　面板安装与取暖灯泡安装

3.69　壁挂式浴霸的安装

壁挂式浴霸的安装要求与方法：

（1）壁挂式浴霸的开关禁止安装在浴缸、淋浴区内人能够触及的地方。

（2）壁挂式浴霸需要有可靠的接地。

（3）禁止将壁挂式浴霸靠近窗帘或其他易燃物品，以及渗水的地方。

（4）安装电源线必须保持在断电状态进行。

（5）与壁挂式浴霸连接的电源插座需要布置在浴霸的侧上方，以免水溅入插座导致短路。

（6）壁挂式浴霸必须挂在墙上取暖，其他方式取暖可能会损坏浴霸。

（7）安装壁挂式浴霸时，根据挖孔模板（有的机子随机提供，有的机子无）上的安装方法开两个孔。

（8）开完孔后，取塑料膨胀套管（有的机子提供，有的需施工时另配）塞入其中，然后把悬挂螺钉旋入膨胀套管中（见图 3-119）。

（9）然后将壁挂式浴霸悬挂孔套住突出墙壁的螺钉帽，平移浴霸，使螺钉相对浴霸沿箭头方向滑动，直到底，悬挂牢固即可（见图 3-120）。

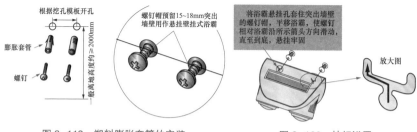

图 3-119　塑料膨胀套管的安装　　　　图 3-120　挂好浴霸

3.70　新型吸顶式浴霸的安装

新型吸顶式浴霸的安装注意事项：

（1）安装时禁止将浴霸垂直安装在墙壁上或安装在倾斜的天花板上，如

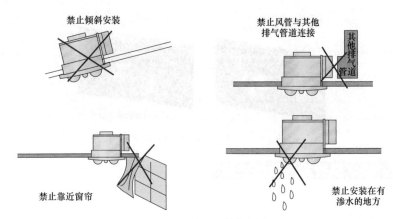

禁止倾斜安装

禁止风管与其他
排气管道连接

其他排气管道

禁止靠近窗帘

禁止安装在有
渗水的地方

图 3-121　安装误操作案例

图 3-121 所示。

（2）禁止风管与其他排气管道连接，以防危险气体回流进室内。

（3）安装时，禁止将吸顶式浴霸靠近窗帘或其他有易燃物品及有渗水的地方。

（4）吸顶式浴霸的最低面到地面距离一般不小于 2.1m，最高面到房顶需要保留不小于 25mm 间隙；侧边到墙壁距离应不小于 250mm。

（5）一般吸顶式浴霸需要有可靠的接地。

（6）浴霸电源进线必须安装一个触头断开距离至少 3mm 的全极断路器，将浴霸与电源断开。

（7）电源线与全极开关需要符合有关国家安全标准。

（8）安装时，电源线必须保持在断电状态进行。

（9）不得将吸顶式浴霸直接安放在电源插座的下面。

（10）使用过程中或灯泡没有完全冷却前，严禁直接接触灯泡以免高温烫伤。

（11）不要使用浴霸烘烤易燃物品，以免引起火灾。

（12）使用灯暖时，不要将浴帘、窗帘等易燃物品接触或靠近取暖灯泡。

（13）使用浴霸时，需要注意避免将水喷淋到浴霸表面。

（14）使用时，不要频繁的操作开关各控制按钮。

新型吸顶式浴霸安装前的准备工作：

（1）安装通风管（见图 3-122）。

1）一些浴霸通风管总长度为 1.5m，有的只为 60mm，如果安装浴霸处与墙壁通风孔的距离超过该长度，则需要另外选择通风管加长。

2）安装浴霸处，临近墙壁开出风窗大小的孔（大小约为通风管径 +5mm），一般应向外倾斜，以防雨水、结露水倒流。

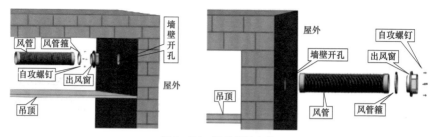

图 3-122　通风管的安装

3）孔开完后，检查一下孔是否合格。如果合格再将出风窗塞入墙壁开的孔，然后用螺钉固定。

4）将风管套在出风窗另一侧，用风管箍将其固定。

5）如果出风窗装在外墙上，则需要先将风管套在出风窗上，用风管箍固定后塞入安装孔中，再用螺钉固定好即可。如果高空操作不便，则尽量在室内一侧进行适当的处理。

（2）预设安装孔。根据浴霸开孔尺寸在吊顶上挖孔，以及搭建好合格的木框，见图 3-123。

（3）布线。浴霸的布线包括布设电源线与布设开关控制线，见图 3-124。

图 3-123　预设安装孔

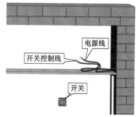

图 3-124　布线

1）布设电源线。

2）布设开关控制线。

（4）安装开关。将布设在墙壁中的开关控制线一端从开关底座的圆孔中穿过，再用螺钉将底盒固定在开关暗盒上。然后将开关控制线缠绕好后，接入开关电气板，再盖上开关盒盖，然后锁上螺钉即可，见图 3-125。

新型吸顶式浴霸本体安装的主要步骤与注意事项：

（1）拆卸面板。有的浴霸只有两个螺钉，拆下即可，见图 3-126。

有的浴霸需要逆时针旋下取暖灯，再取下拉簧，才能够拆卸面板，见图 3-127。

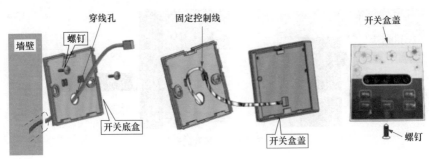

图 3-125 安装开关

图 3-126 拆卸面板（一）   图 3-127 拆卸面板（二）

（2）电器盒的接线。首先将试机插头卸下，然后根据接线图将固定布线中的电源线接入电器盒内的配线座上，再将布设好的开关控制线插头正确插入电器盒内的开关插接口中，见图 3-128。

（3）安装通风管，见图 3-129。

（4）放好机体与装好浴霸。将浴霸机体放入预设木框，并且调整平齐后，再用螺钉固定，见图 3-130。

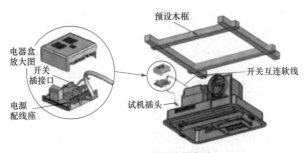

图 3-128 电器盒的安装

将通风管安装到位

图 3-129 安装通风管

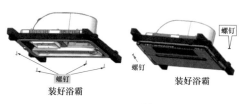

图 3-130 装机

3.71 浴霸开关与接线

浴霸开关中的总开关需要控制相线，因此需要引 1 根相线到浴霸总开关。照明灯泡的开关控制也是控制相线，无须再从外部接相线，直接从浴霸开关的总开关上引接相线，然后从灯泡开关另一端引出一根线到浴霸接线板上。灯暖的控制，其实也是控制相线。灯暖开关一般受到浴霸开关中的总开关控制，因此，灯暖开关的相线引接是从总开关的次端连接的，然后灯暖开关的另一端引出一根线到浴霸接线板上。如果是多盏灯暖，则灯暖开关从总开关的次端引接来的相线可以作为多盏灯暖开关的原端串接线，灯暖开关的另一端引出一根线到浴霸接线板上。

浴霸种类多，具体浴霸开关的连接会有所差异。为此，列举浴霸开关的接线图供工作时参考，见表 3-3。

表 3-3   浴霸开关与接线图

名称	几种浴霸开关的接线图
奥普	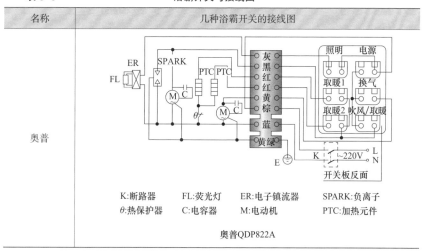

续表

名称	几种浴霸开关的接线图

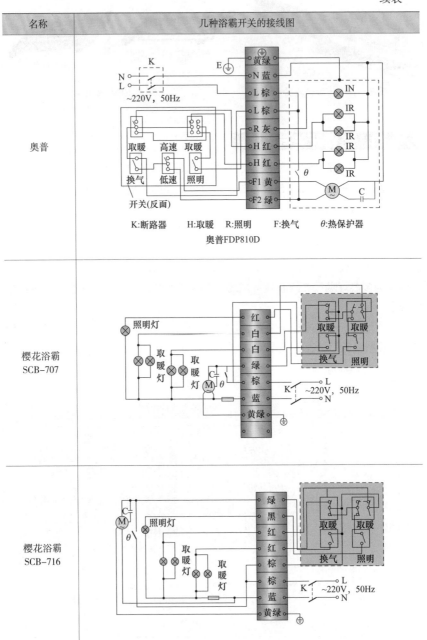

奥普

K:断路器　　H:取暖　　R:照明　　F:换气　　θ:热保护器

奥普FDP810D

樱花浴霸
SCB-707

樱花浴霸
SCB-716

续表

名称	几种浴霸开关的接线图
樱花浴霸 SCB-7551	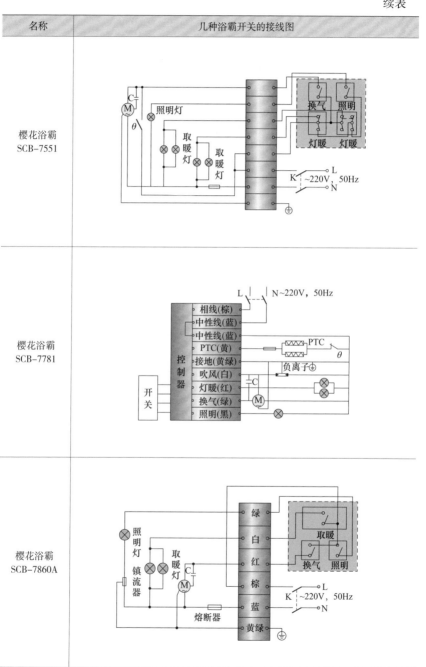
樱花浴霸 SCB-7781	
樱花浴霸 SCB-7860A	

续表

名称	几种浴霸开关的接线图

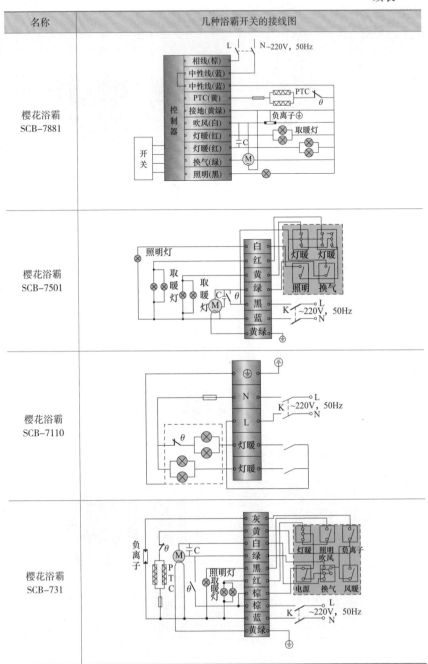

櫻花浴霸 SCB-7881	
櫻花浴霸 SCB-7501	
櫻花浴霸 SCB-7110	
櫻花浴霸 SCB-731	

续表

名称	几种浴霸开关的接线图
樱花浴霸 SCB–7310	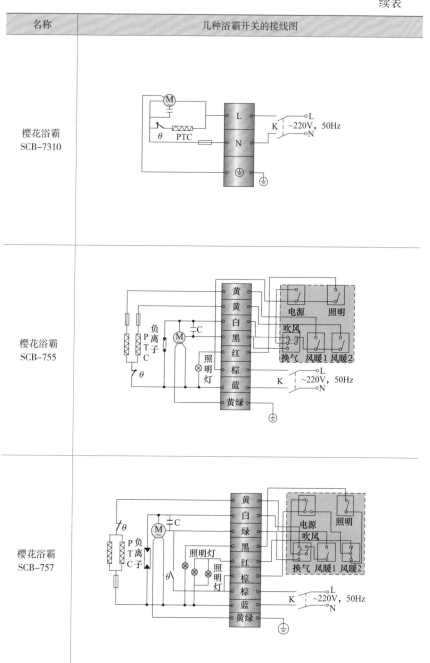
樱花浴霸 SCB–755	
樱花浴霸 SCB–757	

续表

名称	几种浴霸开关的接线图
樱花浴霸 SCB–763	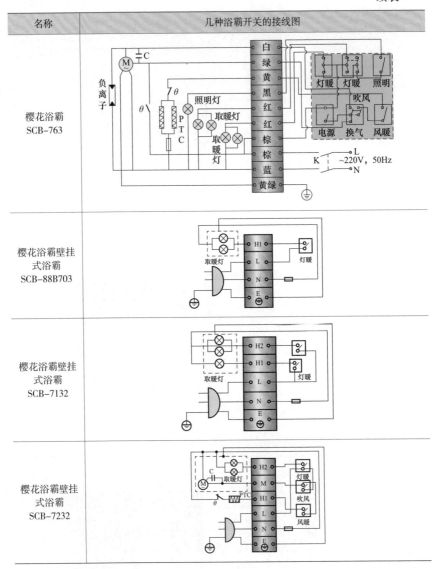
樱花浴霸壁挂 式浴霸 SCB–88B703	
樱花浴霸壁挂 式浴霸 SCB–7132	
樱花浴霸壁挂 式浴霸 SCB–7232	

　　如果对于浴霸开关不是很了解，则可以在拆卸新的浴霸开关前（新浴霸一般有连接），用手机拍照开关的连线情况，以便拆后能正确安装。

▶ 3.72 ▨ 燃气热水器的安装

　　燃气热水器如图3–131所示。

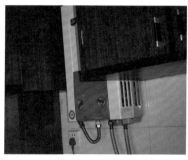

图 3-131 燃气热水器

燃气热水器的安装要求与规范：

（1）煤气快速热水器应设置在通风良好的厨房、单独的房间或通风良好的过道里。房间的高度应大于 2.5m。

（2）烟道式（强制式）和平衡式热水器可安装在浴室内，但安装烟道热水器的浴室，其容积不应小于热水器小时额定耗气量的 3.5 倍。

（3）直接排气式热水器严禁安装在浴室或卫生间内。

（4）热水器应设置在操作、检修方便又不易被碰撞的部位。

（5）热水器的供气管道宜采用金属管道（包括金属软管）连接。

（6）电管、水管的敷设位置一定不要位于燃气热水器室外排烟管孔的位置上。

（7）热水器的上部不得有明敷电线、电气设备。

（8）热水器的安装高度，宜满足观火孔离地 1500mm 的要求。

（9）热水器的其他侧边与电气设备的水平净距应大于 300mm。当无法做到时，应采取隔热措施。

（10）热水器与木质门、窗等可燃物的间距应大于 200mm。当无法做到时，应采取隔热阻燃措施。

（11）热水器前的空间宽度宜大于 800mm，侧边离墙的距离应大于 100mm。

（12）热水器应安装在坚固耐火的墙面上，当设置在非耐火墙面时，应在热水器的后背衬垫隔热耐火材料，其厚度不小于 10mm，每边超出热水器的外壳在 100mm 以上。

（13）平衡式热水器平衡式热水器的进、排风口应完全露出墙外。穿越墙壁时，在进、排气口的外壁与墙的间隙用非燃材料填塞。

（14）烟道式热水器装有烟道式热水器的房间，上部及下部进风口的设置要求同直接排气式。

（15）直接排气式热水器装有直接排气式热水器的房间，上部的排气窗与门下部的进风口、排风扇排风量均有要求。

3.73 热水器的间距要求

热水器的间距要求见表 3-4、表 3-5。

表 3-4　热水器本体与可燃材料、难燃材料装修的建筑物部位的最小间隔距离　　（mm）

型　式			间隔距离			
			后方	前方	上方	侧方
室外式	自然排气式	无烟罩	150（45）	150	600（300）	150（45）
		有烟罩	150（45）	150	150（100）	150（45）
	强制排气式		150（45）	150（45）	150（45）	150（45）
室内式	烟道式强制排气式	热负荷 11.6kW 以下	45	45	—	45
		热负荷 11.6~69.8kW	150（45）	150	—	150（45）
	平衡式强制给排气式	快速式	45	45	45	45
		容积式	45	45	45	45

　　注　括号内表示安装隔热板时的最小间隔距离。
　　强制排气式、平衡式，强制给排气式风帽排气出口与可燃材料、难燃材料装修的建筑物的距离，以及室外式的排气出口与周围的距离应大于表 3-5 的数值。

表 3-5　　　　　　　　排气出口与周围建筑物的相隔距离　　　　　　　　（mm）

吹出方向 \ 隔离方向		上方	侧方	下方	前方
水平吹	前方	300	150	150	600（300）
	侧方	300	吹出侧 600（300）其他侧 150	150	150
水平吹 360°		300	300	150	300
向下吹		300	150	600（300）	150
垂直吹 360°		600（300）	150	150	150
斜吹 360°		600（300）	150	150	300
斜吹同下		300	150	300	300

　　注　括号内表示内为有防热板或不可燃材料装修时的距离。

▶ 3.74　厨房燃气热水器常见布置

厨房燃气热水器常见布置如图 3-132 所示。

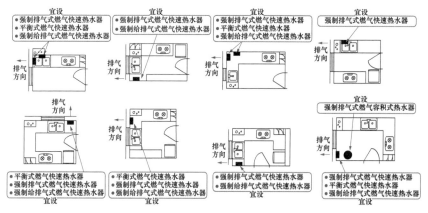

图 3-132　厨房燃气热水器常见布置

▶ 3.75　厨房电热水器常见布置

厨房电热水器常见布置如图 3-133 所示。

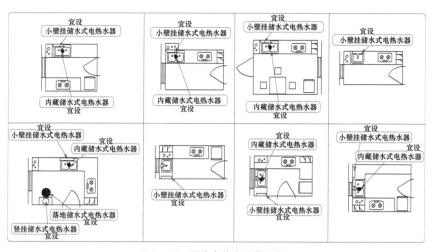

图 3-133　厨房电热水器常见布置

▶ 3.76　明卫生间燃气热水器常见布置

明卫生间燃气热水器常见布置如图 3-134 所示。

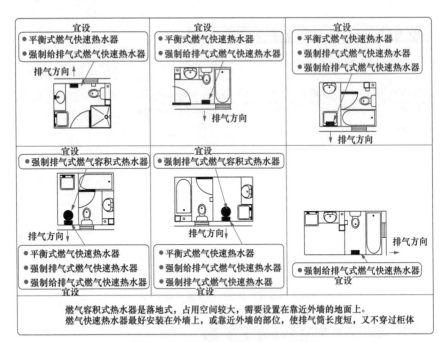

图 3-134　明卫生间燃气热水器常见布置

▶ 3.77 ▷ 明卫生间电热水器常见布置

明卫生间电热水器常见布置如图 3-135 所示。

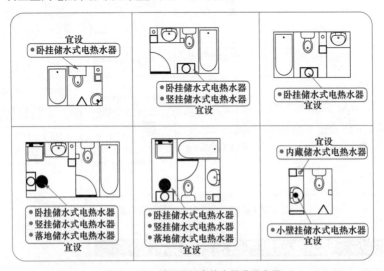

图 3-135　明卫生间电热水器常见布置

3.78 燃气热水器的安装

燃气热水器的安装如图 3-136、图 3-137 所示。

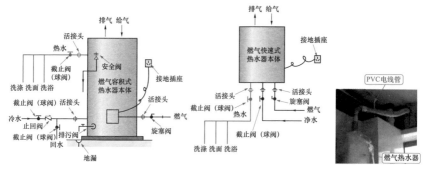

图 3-136 燃气热水器系统连接安装图   图 3-137 实际安装效果图

3.79 壁挂电热水器的安装

壁挂电热水器的安装如图 3-138 所示。

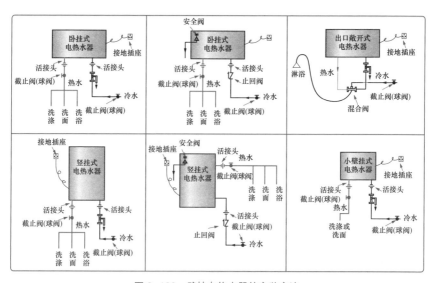

图 3-138 壁挂电热水器的安装方法

3.80 落地电热水器的安装

落地电热水器的安装方法如图 3-139 所示。

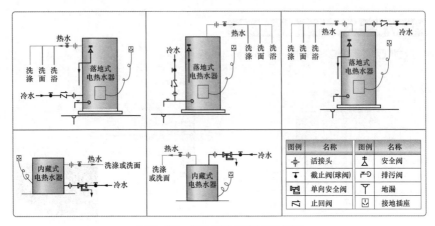

图 3-139　落地电热水器的安装方法

3.81　卧式储水电热水器的安装

卧式储水电热水器的安装方法如图 3-140 所示。

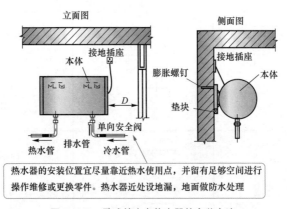

热水器的安装位置宜尽量靠近热水使用点，并留有足够空间进行操作维修或更换零件。热水器近处设地漏，地面做防水处理

图 3-140　卧式储水电热水器的安装方法

3.82　全自动洗衣机的安装

全自动洗衣机的安装要求如图 3-141 所示。

全自动洗衣机的安装与应用还涉及进水、排水、水龙头。为便于学习，把该部分内容也放在这里一起讲述。全自动洗衣机的水龙头类型如图 3-142 所示。

全自动洗衣机需要选择适用的水龙头，一般选择横式 A、B 型水龙头最适宜。

一般需要单独使用额定值为交流220V、10A以上容量的电源插座。与其他电气设备共用同一插座，可能会因异常发热而导致火灾事故

洗衣机摆放的位置严禁靠近蜡烛、蚊香、烟头等有明火的场所

洗衣机严禁使用已损伤的电源线、插头或松动的插座，以免导致触电电、短路或起火。不要在洗衣机旁放置台架等物品

接地连接

一般的全自动洗衣机是采用二极带接地插头电源线，因此需要设置二极带接地电源插座，最好采用漏电保护器。从而避免因漏电或故障引起伤害

不要将洗衣机设置、安装在潮湿的或受到风吹雨淋的场所。从而避免触电或因漏电而引发火灾事故

坚硬、平整的地面上　　柔软的地面　　凹凸的地面

全自动洗衣机需要安放在坚硬、平整的地面上。不要放置在易于滑动、柔软的地面上，以免产生振动和噪声

图 3-141　全自动洗衣机的安装要求

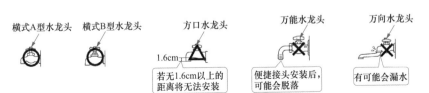

横式A型水龙头　横式B型水龙头　方口水龙头　万能水龙头　万向水龙头

1.6cm　若无1.6cm以上的距离将无法安装　便捷接头安装后，可能会脱落　有可能会漏水

图 3-142　全自动洗衣机的水龙头类型

全自动洗衣机的排水管可以安装在机身左侧，也可以视排水位置的安排调整到右侧。如果排水口较浅或排水管前端与地面碰触时，可以将排水管的前端沿斜向切除一部分。如果排水管因排水引起振动，或排水口较大或排水口较浅时，需要确保排水管不得脱出排水口。另外，全自动洗衣机排水管的延长也是有规定的。

全自动洗衣机排水管、水龙头、便捷接头的安装如图 3-143~ 图 3-145 所示。

▶ 3.83 窗玻璃安装式换气扇的安装

窗玻璃安装式换气扇需要适合于嵌入厚度为 3~5mm 统一直径的玻璃孔中安装，玻璃孔的直径需要符合有关规定，见表 3-6。

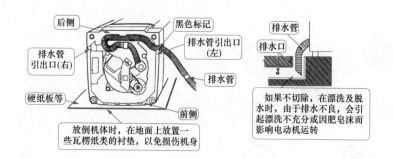

图 3-143　全自动洗衣机的排水管的安装

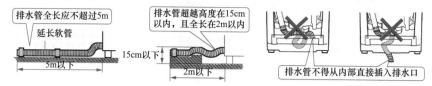

图 3-144　全自动洗衣机水龙头的安装

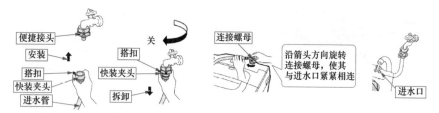

图 3-145　全自动洗衣机的便捷接头的安装

表 3-6　　　　　　　　窗玻璃安装式换气扇安装尺寸　　　　　　　　（mm）

叶轮规格	玻璃孔的直径（不大于）
100	150
150	190
200	250

3.84 灯具的特点

常用灯具如图 3-146~ 图 3-151 所示。

吊灯是最普及的室内照明灯具，能够提供全面的背景光线。如果安装了调光器，可根据需要调节光线的明暗。吊灯安装高度要注意，不得出现撞到头的现象

投射灯可以用来强调房间里的特别区域

长条状灯管造型不是很好看，其常被隐没在灯罩、遮避物下。长条状灯能够完全提供该区域所需的光线

图 3-146　吊灯　　　　　图 3-147　投射灯　　　图 3-148　长条状灯具

落地台灯、台灯可以将光线投射在不同的水平面上，呈现出该区域装饰格局中的色调与特色，是最佳阅读的光源

墙上的壁灯有投射、晕染光线等多种效果，能够牵引视线，往往会让房间看起来大一些。壁灯的装饰作用远比照明明显，因此，其外形选择很重要

聚光灯可以嵌入天花板、墙面或地板，以增加光线拖曳的长度，可以形成一个焦点光域。因此，聚光灯是具有极佳强调作用的一种光源

图 3-149　落地台灯、台灯　　　图 3-150　壁灯　　　　图 3-151　聚光灯

3.85 灯具连接原理与要求

灯具连接原理如图 3-152 所示，灯具与开关连接原理如图 3-153 所示，灯具如图 3-154 所示。

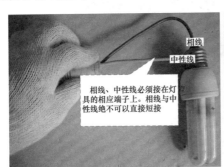

相线
中性线

相线、中性线必须接在灯具的相应端子上。相线与中性线绝不可以直接短接

没有缝隙

电工安装电线时，预留相线、中性线

中性线
相线

图 3-152　灯具连接原理

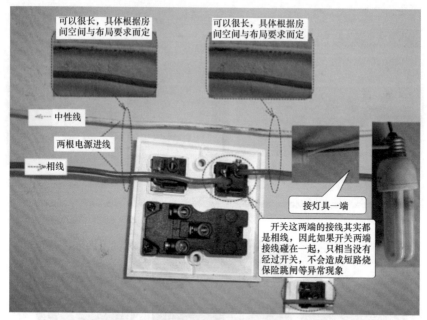

可以很长，具体根据房间空间与布局要求而定

可以很长，具体根据房间空间与布局要求而定

中性线

两根电源进线

相线

接灯具一端

开关这两端的接线其实都是相线，因此如果开关两端接线碰在一起，只相当没有经过开关，不会造成短路烧保险跳闸等异常现象

图 3-153　灯具与开关连接原理

室内安装壁灯、床头灯、台灯、落地灯、镜前灯等灯具时，高度低于24m及以下，灯具的金属外壳均应可靠接地

图 3-154　灯具

灯具安装的要求：

（1）灯具安装最基本的要求是必须牢固。

（2）灯具安装施工时，需弹线定位，保证位置的准确性。

（3）家装灯具不仅是照明，也要考虑装饰作用。

（4）台灯等带开关的灯头，开关手柄不应有裸露的金属部分。

（5）装饰吊平顶安装各类灯具时，灯具质量大于 3kg 时，应采用预埋吊钩或从屋顶用膨胀螺栓直接固定支吊架安装，并且从灯头箱盒引出的导线应用软管保护到灯位，防止导线裸露在平顶内。

（6）吊顶或护墙板内的暗线必须有阻燃套管保护。

（7）大型吊灯顶部必须事先用膨胀螺钉固定 4cm×3cm 木方，然后将吊灯固定螺钉固定在木方上。

（8）扣板吸顶灯安装时，必须将固定螺钉固定在木楞子上，严禁固定在扣板上。

（9）吊顶内嵌入的灯具，应与其他装修工序配合进行。

（10）室内安装壁灯、床头灯、台灯、落地灯、镜前灯等灯具时，高度低于 24m 的，灯具的金属外壳均应接地可靠。

（11）卫生间、厨房装矮脚灯头时，宜采用瓷螺口矮脚灯头。螺口灯头的接线、相线（开关线）应接在中心触点端子上，中性线接在螺纹端子上。

（12）安装各种灯具、开关面板，需在家居油漆工序快要撤场前三天或漆最后一遍油时进场作业。

（13）灯具安装完毕后，经绝缘测试检查合格后，才能够通电试运行。

3.86　普通灯具的安装

普通灯具的安装包括塑料（木）台的安装、接线连接、固定或者扣好。

安装塑料（木）台时，首先把接灯线从塑料（木）台的出线孔中穿出，然后把塑料（木）台紧贴住安装物表面，然后对准安装孔用机螺钉将塑料（木）台固定。

然后把从塑料（木）台甩出的导线留出一定的维修长度后，削出线芯，再插入灯具安装盒的连接端子，并且拧紧螺钉，之后固定灯具安装盒即可。

白炽灯与荧光灯是最常用的灯，白炽灯可以使用在各种场所。常用灯座如图 3-155 所示，常用开关如图 3-156 所示。

普通灯具的灯头线别忘了打结（见图 3-157）。灯头线是指连接吊线盒与灯头的那根电线。它有两个功能：一是连接吊线盒内接线螺钉与灯头内接线螺钉，实现电路连接。二是起到承受灯头（包括灯泡、灯罩）的质量。白炽灯电路如图 3-158 所示。

家装白炽灯常见的照明线路基本特点：

螺口平灯座　　　　防水螺口平灯座　　　　插口平灯座　　　　螺口吊灯座

图 3-155　常用灯座

图 3-156 常用开关

暗装开关　台灯开关　顶装式拉线开关　拉线开关

图 3-157　灯头线打结

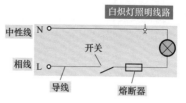

图 3-158　白炽灯电路

（1）白炽灯电路一般由导线、墙壁开关、灯座等组成，以前，线路上还采用了熔断器。

（2）相线先接开关，然后才接到白炽灯座（头）。中性线直接接入灯座。当开关合上时，白炽灯泡得电发光。

（3）该线路适用照度要求较低，开关次数频繁的室内、外场所。

（4）白炽灯照明线路中开关的安装高度如下：

拉线开关的安装高度为 2~3m。

墙壁开关的安装高度为 1.3~1.5m。

照明分路总开关的安装高度为 1.8~2m。

（5）螺口灯座接线的规定。相线先接开关，然后接到螺口灯座中心弹簧片的接线桩上。中性线直接接到螺口灯座螺纹的接线桩上。

白炽灯照明线路的安装要求如下：

（1）选择适宜的木螺钉固定。

（2）安装时，要做到整齐美观、不能够有松动现象。

（3）线头接到安装盒接线桩时，线芯露出端子不能超过 2mm。

（4）安装白炽灯接线要注意：白炽灯取电源时，需要在分路总开关后的支线上取电源，如果在电器后取电源，则会受到该线路的电器控制。

白炽灯插座电路安装电气平面图如图 3-159 所示。

照明灯具使用的导线其电压等级不应低于交流 500V，其最小线芯截面需要满足表 3-7 所示的要求。

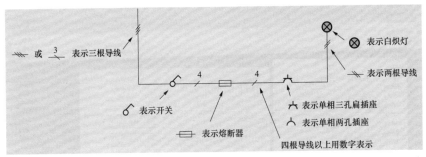

图 3-159　白炽灯插座电路安装电气平面图

表 3-7　　　　　　　　　　　线芯最小允许截面

安装场所的用途		线芯最小截面（mm^2）		
		铜芯软线	铜线	铝线
照明用灯头线	民用建筑室内	0.4	0.5	2.5
	工业建筑室内	0.5	0.8	2.5
	室外	1.0	1.0	2.5
移动式用电设备	生活用	0.4	—	—
	生产用	1.0	—	—

3.87　荧光灯的组装

荧光灯的组装如图 3-160~ 图 3-163 所示。

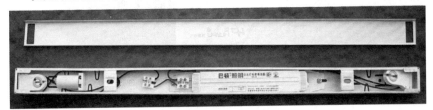

图 3-160　荧光灯的组装（一）

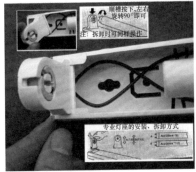

图 3-161　荧光灯的组装（二）

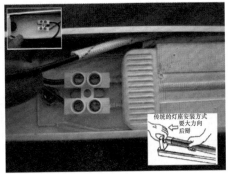

图 3-162　荧光灯的组装（三）

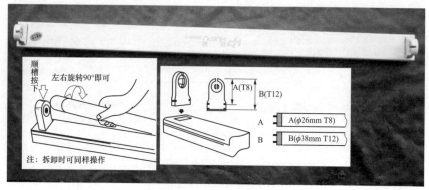

图 3-163　荧光灯的组装（四）

3.88　荧光灯的固定

荧光灯的固定如图 3-164 所示。

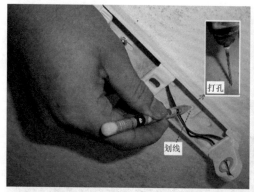

图 3-164　荧光灯的固定

打入塑料膨胀套，然后采用螺钉固定即可。

3.89　荧光灯的安装

新型荧光灯管如图 3-165 所示。

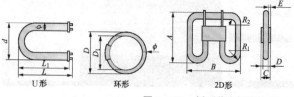
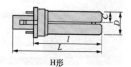

图 3-165　新型荧光灯管外形

家庭怎样配置荧光灯：

※ 客厅：一般活动时为 100-150-200lx 三档装灯，平均为 75lx 为宜。

※ 卧室：为 50-100-150lx 三档，平均照度 75lx 为宜。床头台灯供阅读用 300lx 为宜。

※ 厨房、卫生间：为 75-100-150lx 为宜。

※ 庭院照明：无明确规定，夜晚能辨别出花草色调，建议平均照度 20~50lx 为宜，景点和重点花木另增加效果照明。

荧光灯的安装分为吸顶荧光灯与吊链荧光灯的安装，见图 3-166、图 3-167。

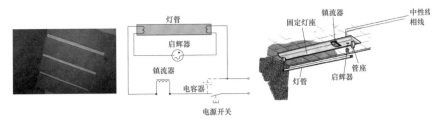

图 3-166　吸顶荧光灯的安装

图 3-167　吊链式荧光灯的安装

吸顶式荧光灯的安装方法如下：

（1）打开灯具底座盖板，根据要求确定安装位置。

（2）将灯具底座贴紧建筑物表面，灯具底座应完全遮盖住接线盒，对着接线盒的位置开好进线孔。

（3）根据灯具底座安装孔用铅笔画好安装孔的位置。

（4）用电锤打出尼龙栓塞孔，然后装入栓塞。

（5）如果为吊顶可在吊顶板上背木龙骨或轻钢龙骨用自攻螺钉固定。

（6）将电源线穿出后用螺钉将灯具固定并调整位置以达到满足要求为止。

（7）用压接帽将电源线与灯内导线可靠连接。

（8）装上辉光启动器等附件。

（9）盖上底座盖板，装上荧光灯管。

吊链式荧光灯的安装方法：

（1）根据安装位置，确定吊链吊点。

（2）用电锤打出尼龙栓塞孔，去装入栓塞。

（3）用螺钉将吊链挂钩固定牢靠。

（4）根据灯具的安装高度确定吊链及导线的长度。

（5）打开灯具底座盖板，将电源线与灯内导线可靠连接。

（6）装上辉光启动器等附件。

（7）盖上底座、装上荧光灯管。

（8）将荧光灯挂好。

（9）把导线与接线盒内电源线连接好。

（10）盖上接线盒盖板。

3.90 荧光灯灯槽的安装

荧光灯灯槽的安装见表 3-8。

表 3-8　　　　　　　　荧光灯灯槽的安装方法与要点

类型	图解

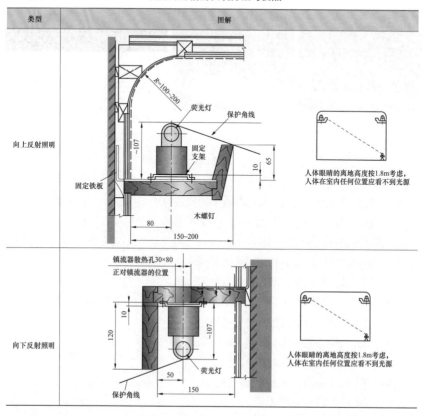

3.91　荧光灯在光檐内向下照射的安装

荧光灯在光檐内向下照射的安装见表 3-9。

表 3-9　　　　　　　　　荧光灯在光檐内向下照射的安装

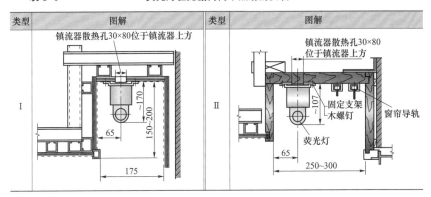

3.92　花灯的组装

组合式吸顶花灯的组装：

（1）首先将各组件连成一体。

（2）灯内穿线的长度要适宜，多股软线线头需要搪锡，并且注意统一的配线颜色。

（3）螺口灯座中心簧片是接相线的。

（4）理顺灯内线路。

（5）用线卡或尼龙扎带固定导线，并且避开灯泡发热区。

花灯及其在吊顶下的安装如图 3-168、图 3-169 所示。

吊顶花灯的组装：

（1）将预先组装好的灯具托起，用预埋好的吊钩挂住灯具内的吊钩。

（2）将导线从各个灯座口穿到灯具本身的接线盒内。

（3）导线一端盘圈、搪锡后接好灯头或者采用压接帽可靠连接。

（4）理顺各个灯头的相线与中性线。

（5）另一端区分相线、中性线后分别引出电源接线。

（6）将电源结线从吊杆中穿出。

（7）把灯具上部的装饰扣碗向上推起并紧贴顶棚，拧紧固定螺钉。

（8）各灯泡、灯罩一般在灯具主体上装好后再装上。

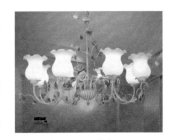

图 3-168　花灯

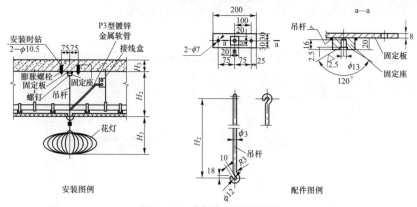

图 3-169　花灯在吊顶下的安装

▶ 3.93 ░ 预制／现制楼板吊扇、花灯进线安装

预制／现制楼板吊扇、花灯进线安装如图 3-170、图 3-171 所示。

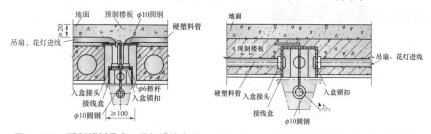

图 3-170　预制楼板吊扇、花灯进线安装　　　图 3-171　现制楼板吊扇、花灯进线安装

▶ 3.94 ░ 吸顶灯的安装

对于节能灯、LED 灯、白炽灯泡的负载功率是不同的，一般装饰工程选择额定电压 AC180~250V、50Hz/60Hz 即可。

吸顶灯的灯源也可以采用节能灯或者 LED 灯、白炽灯泡。

吸顶灯的安装如图 3-172 所示。

吸顶灯的安装步骤主要包括吸顶灯的固定、吸顶灯的接线。

（1）吸顶灯的固定。首先把底盘放在安装物上，然后根据固定位置画出打孔的位置，并且使用冲击钻在要安装的位置打洞。然后用锤子把膨胀螺栓等固定件塞入洞内。需要注意：固定件的承载能力需要与吸顶灯的质量相匹配。

（2）吸顶灯的接线。把电线从底盘的孔内拿出来，以及将底盘用螺钉固定好。固定好之后，把电线与底盘的电线连接好，以及用绝缘胶布进行连接处的绝缘处理。然后装上灯与灯罩即可。

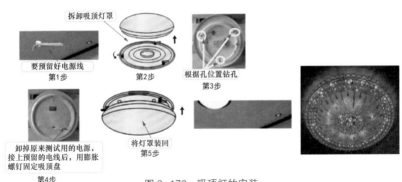

图 3-172 吸顶灯的安装

吸顶灯安装的注意事项如下：

（1）注意安全打孔的标准：固定式灯具，无特殊要求，墙壁开孔一般均为6mm。钻孔时要注意钻孔深度，以保证膨胀螺栓完全进入即可。

（2）注意电源线路的安全：与吸顶灯电源进线连接的线头需要接触良好。

（3）装有白炽灯泡的吸顶灯具，灯泡不应紧贴灯罩。当灯泡与绝缘台间距离小于5mm时，灯泡与绝缘台间需要采取隔热措施。

吸顶灯安装材料见表3-10。

表 3-10　　　　　　　　　　　　　　　吸顶灯安装材料

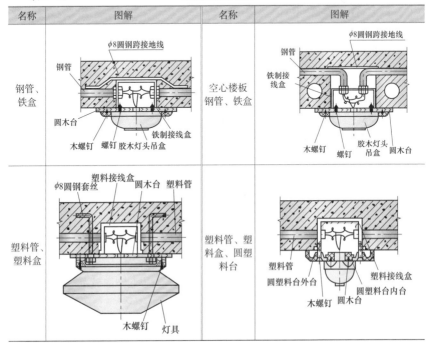

▶ 3.95 ░ 吸顶射灯的安装

吸顶射灯如果使用 LED 灯，可以省电 70%，使用寿命比普通白炽灯长 20 倍。不过，使用 LED 灯往往需要 LED 灯的 LED 驱动器。

图例吸顶射灯所采用的材料：

（1）座盘/架杆/支架。采用钢材料，表面刷有一层金属镍。

（2）座。采用铸铁材料，表面刷漆。

（3）灯罩。采用铝，表面刷有一层金属镍。

（4）漫射器。采用丙烯酸塑料材料。

吸顶射灯的安装如图 3-173 所示。

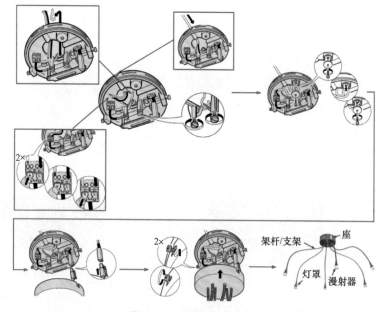

图 3-173　吸顶射灯的安装

▶ 3.96 ░ 圆形灯罩吸顶灯的安装

圆形灯罩吸顶灯的安装如图 3-174 所示。

圆形灯罩吸顶灯采用 PET 塑料、纸圆形灯罩，主要起到散射光，营造良好普通照明的效果。

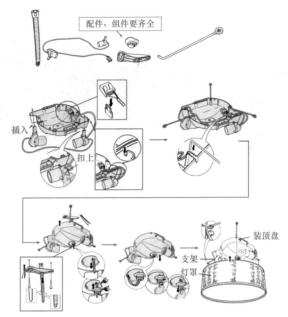

图 3-174　圆形灯罩吸顶灯的安装

▷ 3.97 ▨ 筒灯在吊顶内的安装

灯在吊顶内的安装方法与要点见表 3-11。

表 3-11　　　　　　　　　　灯在吊顶内的安装方法与要点

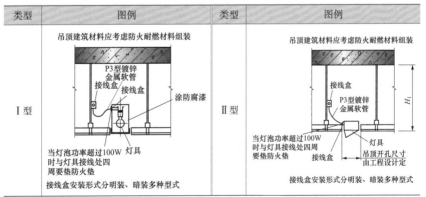

▷ 3.98 ▨ 筒灯的安装

筒灯外形如图 3-175 所示。

接相线

接中性线

接地线

图 3-175　LED 筒灯外形

　　LED 筒灯的主要安装步骤：先将室内顶板上的安装孔根据所要求的尺寸开好孔，然后按电压类型将灯具的电源线接在灯具的接线端子上，直流电源需要注意正负极。接线完毕后经检查无误，再将两侧的弹簧卡竖起来，与灯体一起插入安装孔内，然后用力向上顶起，则筒灯即可自动卡上。再接通电源，灯具即可工作（见图 3-176）。

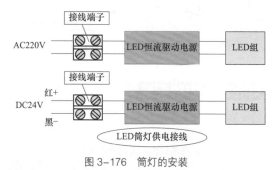

图 3-176　筒灯的安装

3.99 吊灯的安装

　　吊灯的安装步骤主要包括吊灯的固定与吊灯的连接。

　　（1）吊灯的固定。首先画出钻孔点，然后使用冲击钻打孔，再将膨胀螺栓打进孔。需要注意，一般先使用金属挂板或吊钩固定顶棚，再连接吊灯底座，这样安装的更牢固。

　　（2）吊灯的连接。连接好电源电线后，连接处需要用绝缘胶布包裹好。然后将吊杆与底座连接，并且调整好合适高度。再将吊灯的灯罩与灯泡安装好即可。

　　吊灯安装的注意事项：

　　（1）注意吊灯不能安装过低。吊灯无论安装在客厅还是饭厅，都不能吊得太矮，以不出现阻碍人正常的视线或令人觉得刺眼为合适。吊灯的吊杆一般都可调节高度。

（2）注意底盘固定要牢固安全。灯具安装最基本的要求是必须牢固。如果灯具质量大于 3kg 时，应采用预埋吊钩或从屋顶用膨胀螺栓直接固定支吊架安装。

（3）检查吊杆连接要牢固。一般吊灯的吊杆有一定长度的螺纹，可备调节高低使用。安装后，需要认真检查。

（4）首先需要根据灯的安装高度、数量，把吊线全部预先掐好，并且保证在吊线全部放下后，其灯泡底部距地面高度为 800~1100mm。

（5）软线吊灯，灯具质量在 0.5kg 及以下时，可以采用软电线自身吊装。大于 0.5kg 的灯具需要采用吊链，以及软电线编叉在吊链内，使电线不受力。

（6）软线吊灯的软线两端需要做保护扣，并且两端芯线需要搪锡。

（7）当装升降器，套塑料软管时，需要采用安全吊头。

特殊质量灯具的安装方法与要点如图 3-177 所示。

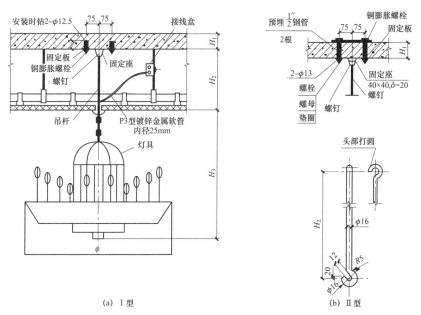

(a) Ⅰ型

(b) Ⅱ型

图 3-177 特殊质量灯具的安装方法与要点

▶ 3.100 支架吊灯的安装

支架吊灯安装的主要步骤：连接好腿架→安装好托架→安装好灯头→安装灯罩座→安装灯罩，连接好相线、中性线→整理好导线→安装灯头座（见图 3-178）。

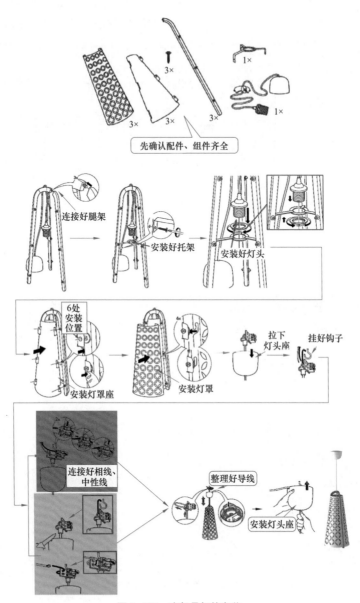

先确认配件、组件齐全

连接好腿架

安装好托架

安装好灯头

6处安装位置

安装灯罩座

安装灯罩

拉下灯头座

挂好钩子

连接好相线、中性线

整理好导线

安装灯头座

图 3-178　支架吊灯的安装

3.101 拉杆吊灯的安装

拉杆吊灯的安装如图 3-179 所示。

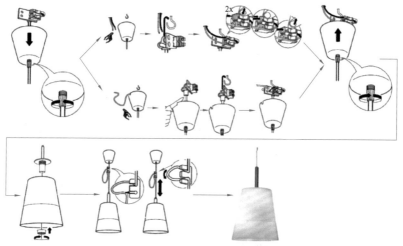

图 3-179　拉杆吊灯的安装

▶ 3.102 链带吊灯的安装

链带吊灯的安装如图 3-180 所示，所采用的吊灯具有光线柔和，灯泡可以使用 E27 的灯泡。玻璃灯罩可以用干布块擦净。

链带吊灯安装工作开始前，需要切断电路电源。图 3-180 中的灯具仅限室内使用。另外，不同的安装面材质需要采用不同的固定安装螺钉和螺栓。

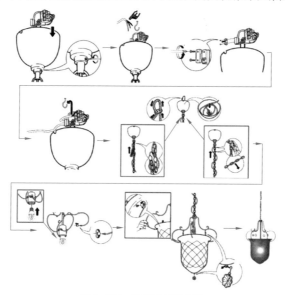

图 3-180　链带吊灯的安装

▶ 3.103 ░ 散射光吊灯的安装

散射光吊灯的安装如图 3-181 所示。

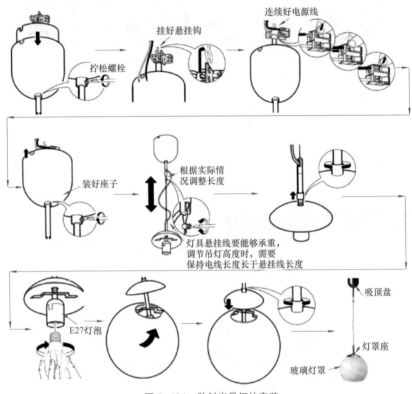

图 3-181　散射光吊灯的安装

▶ 3.104 ░ 吊灯罩的安装

安装吊灯罩可以营造良好的照明效果，吊灯罩的安装如图 3-182 所示。

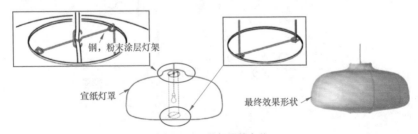

图 3-182　吊灯罩的安装

3.105 透射出集中卤素灯吊灯

透射出集中卤素灯吊灯的安装如图 3–183 所示。

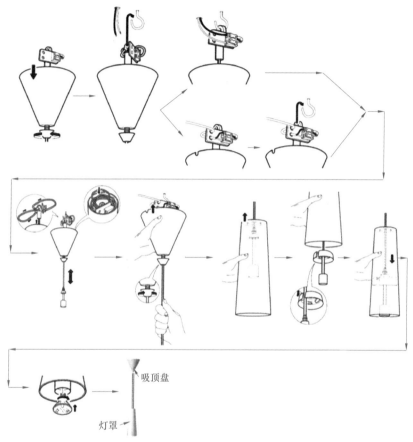

吸顶盘

灯罩

图 3–183　透射出集中卤素灯吊灯的安装

透射出集中卤素灯吊灯具有透射出集中的光束、温度较高。距离被照射物体的最小安全距离为 0.3m。如果不留足最小安全距离，灯具可能会引发火灾。另外，卤素灯泡通电后会很热，因此更换灯泡前，要先让灯泡冷却。

3.106 打褶灯罩吊灯的安装

打褶灯罩吊灯的安装如图 3–184 所示。

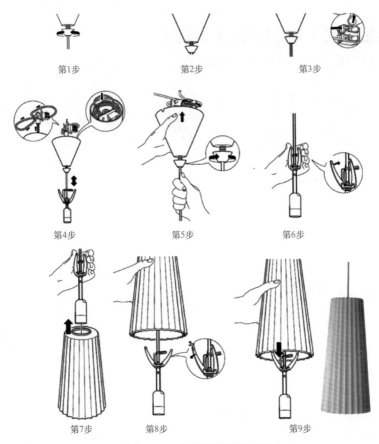

第1步　　　　　　　　第2步　　　　　　　　第3步

第4步　　　　　　　　第5步　　　　　　　　第6步

第7步　　　第8步　　　　　　　　第9步

图3-184　打褶灯罩吊灯的安装

>3.107 ⋮ LED天花射灯的安装

　　射灯的安装包括位置的确定与预留、射灯的连接。

　　（1）位置的确定与预留。射灯一般采用嵌入式安装，因此，需要根据位置预留线路，也就是需要先开好孔，以及适当的预留出射灯的空槽。

　　（2）射灯连接。在射灯空槽处装好底座，拉出电线,固定螺钉。然后连接线头，并且把连接处进行绝缘处理，然后装上射灯部分即可。

　　射灯安装的注意事项：

　　（1）注意射灯线路需安装变压器。射灯当电压不稳定时，容易爆炸。因此，在安装射灯时，一定要安装变压器，这样可以有效防止爆炸。

（2）注意适量安装射灯。过多的射灯数量，会形成光的污染与容易造成火灾隐患。因此，采用合适数量的射灯即可。

LED 天花射灯安装效果如图 3-185 所示。

图 3-185　LED 天花射灯安装效果

LED 天花射灯的安装主要步骤：选择好天花射灯→根据天花射灯尺寸规格开孔→连接好 LED 恒流驱动器线路、电源线→竖直弹簧扣，把天花射灯放入孔中→弹簧扣搭扣在天花板上即可固定天花射灯→测试。

一款天花射灯外形与尺寸如图 3-186 所示。

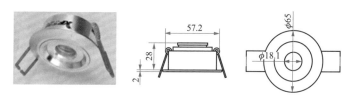

图 3-186　一款天花射灯外形与尺寸

▶ 3.108 ⦙ 可调节射灯的安装

图 3-187 所示的可调节射灯为嵌入式电线安装方式。其用的灯泡可以使用 E14 的 7W 反射节能灯泡。该款灯具可以应用在家居客厅中。

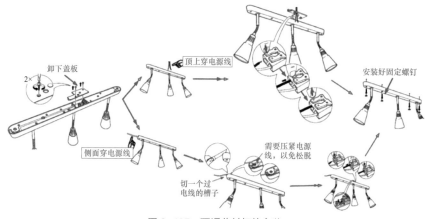

图 3-187　可调节射灯的安装

图 3-187 所示的可调节射灯实施安装前，需要关闭电闸。并且根据灯具固定面材质不同，需要使用不同的、适用的固定安装螺钉或者螺栓进行安装。

3.109 射灯的安装

射灯的安装如图 3-188、图 3-189 所示。

固定位置很重要   安装灯泡   不能够挂在板子侧面   不能够挂在窗帘杆上

不能够挂在底部   不能够挂在床头上

图 3-188 射灯（一）的安装

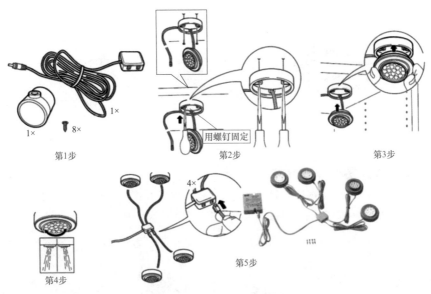

1×

1×   8×

用螺钉固定

第1步   第2步   第3步

4×

第4步   第5步

图 3-189 射灯（二）的安装

3.110 光带的安装

光带如图 3-190 所示。光带安装前，需要根据光带的外形尺寸确定其支架的支撑点，然后根据光带的具体质量选用支架的型材制作支架。支架做好后，根据光带的安装位置，用预埋件或用胀管螺栓把支架固定牢固。

轻型光带的支架可以直接固定在主龙骨上。大型光带需要先下好预埋件，再将光带的支架用螺钉固定在预埋件上，固定好支架后，再将光带的灯箱用机螺钉

图 3-190　光带

固定在支架上，然后将电源线引入灯箱，以及把灯具的导线连接好，然后把连接处用电工胶布包好即可。

嵌入式灯具（光带）的安装方法：

（1）根据有关位置及尺寸开孔。

（2）将吊顶内引出的电源线与灯具电源的接线端子可靠连接。

（3）将灯具推入安装孔或者安装带固定。

（4）调整灯具边框。

（5）如果灯具是对称安装，其纵向中心轴线应在同一直线上。

（6）光带安装一般需要隐蔽光带。

3.111　LED 贴片灯带 12V 低压变压器与电源的安装

有的 LED 贴片灯带的安装是有要求的，例如：

（1）仅室内使用，不可拆卸电源机壳。

（2）电源端是散热通风口，在风口处 50cm 范围内不要放置其他物品，确保电源有良好的散热环境。

（3）需要准确计算负载功率，不能够超载。

（4）电源工作时，不要用手接触外壳。

（5）输出端不得短路。

（6）通电使用前，需要仔细确认电源是否链接正确，严谨电源线路接反。

（7）主要参数有尺寸规格、输入交流、输入频率、输出直流、输出功率、外观颜色。一般应用场所选择输入交流为 180~250V/5A、输入频率为 47~63Hz、输出直流为 12VDC、输出功率为 100W 的即可。

（8）有的 LED 贴片灯带输出功率 100W 最多接 3528/60 珠贴片 20m，5050/60珠贴片 5.5m。

LED 贴片灯带 12V 低压变压器与电源的安装如图 3-191 所示。

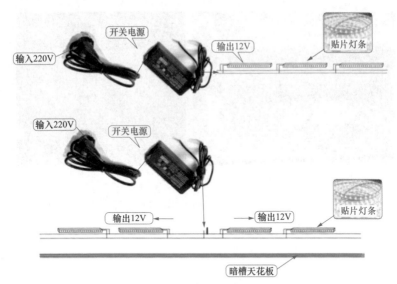

图 3-191　LED 贴片灯带 12V 低压变压器与电源的安装

3.112 LED 贴片灯带的安装

LED 贴片灯的安装方法和要点见表 3-12。

表 3-12　　　　　　　　LED 贴片灯带的安装方法和要点

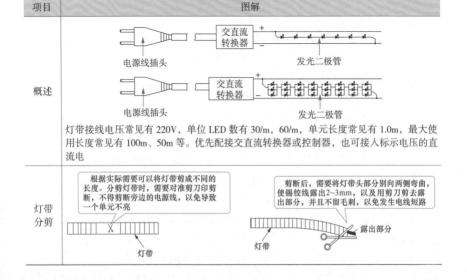

续表

项目	图解

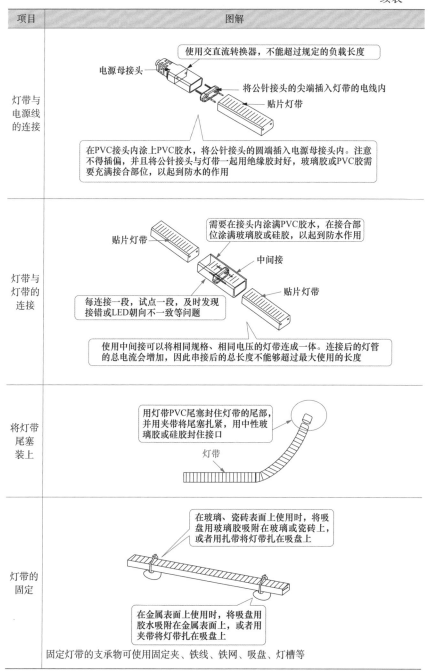

灯带与电源线的连接

使用交直流转换器，不能超过规定的负载长度

电源母接头

将公针接头的尖端插入灯带的电线内

贴片灯带

在PVC接头内涂上PVC胶水，将公针接头的圆端插入电源母接头内。注意不得插偏，并且将公针接头与灯带一起将绝缘胶封好，玻璃胶或PVC胶需要充满接合部位，以起到防水的作用

灯带与灯带的连接

贴片灯带

需要在接头内涂满PVC胶水，在接合部位涂满玻璃胶或硅胶，以起到防水作用

中间接

贴片灯带

每连接一段，试点一段，及时发现接错或LED朝向不一致等问题

使用中间接可以将相同规格、相同电压的灯带连成一体。连接后的灯管的总电流会增加，因此串接后的总长度不能够超过最大使用的长度

将灯带尾塞装上

用灯带PVC尾塞封住灯带的尾部，并用夹带将尾塞扎紧，用中性玻璃胶或硅胶封住接口

灯带

灯带的固定

在玻璃、瓷砖表面上使用时，将吸盘用玻璃胶吸附在玻璃或瓷砖上，或者用扎带将灯带扎在吸盘上

在金属表面上使用时，将吸盘用胶水吸附在金属表面上，或者用夹带将灯带扎在吸盘上

固定灯带的支承物可使用固定夹、铁线、铁网、吸盘、灯槽等

项目	图解
安全使用注意事项	（1）安装固定必须牢固，不能有飘动、摆动现象。 （2）寒冷天气下安装灯带，可先通电几分钟，使灯管变软，易于弯曲，然后再断电安装。 （3）安装、使用过程中，不要用利器敲打灯管。 （4）不可安装于水中，易燃、易爆环境中，并且需要保证使用环境通风良好。 （5）灯管尾端必须用尾塞套住，并用胶水粘牢或用扎带扎牢。 （6）灯管室外使用，必须保证不进水。 （7）只有规格相同、电压相同的两端才能够相互串接，串接总长度不可超过最大许可使用长度。 （8）各接口处需要牢固、无短路隐患。 （9）各接口处不进水。 （10）发现灯管破损时，需要立即剪去该单元，不可继续使用，以免引起危险。 （11）如果需要闪动等效果，一般需要使用专用电子控制器。 （12）一般需要安装在儿童不能触及的地方。 （13）一般 LED 贴片灯带灯不能直接使用交流电源，必须使用专用控制器或专用直流电源线，以免引起危险。 （14）当贴片灯带卷成一卷，堆成一团或没有拆离包装物时，不得通电点亮灯带。 （15）只能在灯体上印有剪刀标记处，才能够剪断灯带，以免造成一个单元不亮。 （16）安装时，需要将灯带分别向两侧弯曲，露出 2~3mm，并且用剪钳剪干净，不得留有毛刺，以免短路。 （17）连电源线时，需要保证正极与正极连接、负极与负极连接。 （18）不要在安装或装配过程中接通电源，只有在接驳、安装、固定好正确的情况下，才能够接通电源。 （19）安装固定，不得用任何物体包住、遮盖灯管。 （20）电源电压需要与灯管所标示电压一致，并且安装适当的保险装置。 （21）灯管使用过程中，不要用铁丝等金属材料紧扎灯管，以免铁丝陷入灯管内，造成漏电、短路、烧毁灯管等异常现象

▶ 3.113 壁灯的安装

壁灯安装的方法：先把灯具底托摆放在留线安装位置，注意四周留出的余量要对称，然后划出打孔点放下底托，再用电钻开好安装孔，然后将灯具的灯头线从出线孔中拿出来，与墙灯接头接好线，然后把壁灯安装座贴紧墙面，用机螺钉固定好，然后配好灯泡、灯罩即可。

安装在室外的壁灯，其台板、灯具底托与墙面间需要加防水胶垫，以及打好泄水孔。

壁灯的安装高度要求，如图 3-192 所示。

一般壁灯的高度距离地面为2240~2650mm。卧室的壁灯距离地面可以近些，约为1400~1700mm左右。壁灯挑出墙面的距离约为95~400mm

图 3-192　壁灯的安装高度要求

壁灯的安装方法图例见表 3-13。

表 3-13　　　　　　　　　　壁灯的安装方法图例

项目	图例
壁灯 1	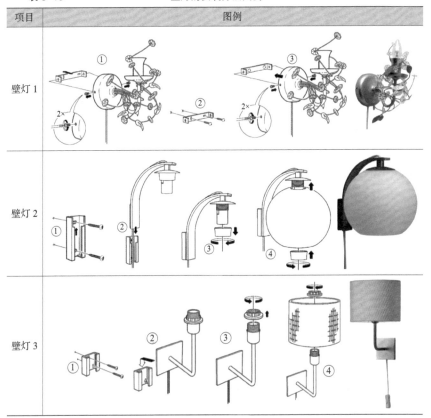
壁灯 2	
壁灯 3	

▶ 3.114 柜灯、相框灯的安装

柜灯、相框灯的安装如图 3-193 所示。

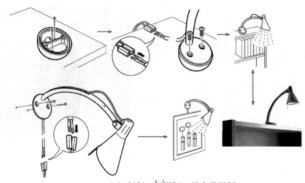

(a) 柜灯、相框灯 1 的安装图例

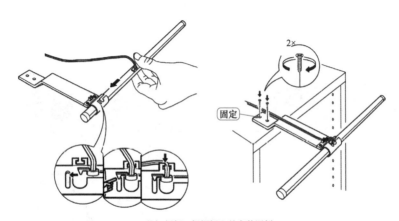

(b) 柜灯、相框灯 2 的安装图例

(c) 柜灯、相框灯 3 的安装图例

图 3-193 柜灯、相框灯的安装

▶3.115 多用途灯的安装

多用途灯的安装如图 3-194 所示。

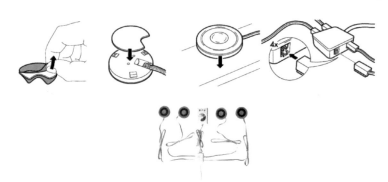

图 3-194　多用途灯的安装

3.116 干电池抽屉灯的安装

干电池抽屉灯的安装如图 3-195 所示。

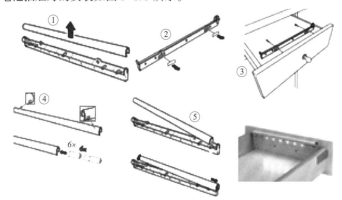

图 3-195　干电池抽屉灯的安装

3.117 落地灯的安装

落地灯的安装图例见表 3-14。

表 3-14　　　　　　　　　　　落地灯的安装图例

项目	图例
落地灯 1	① ② ③ ④ ⑤

项目	图例
落地灯 2	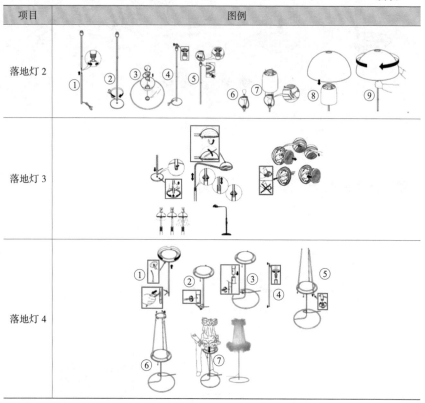
落地灯 3	
落地灯 4	

▶ 3.118 ⬖ 疏散标志灯、应急照明灯的安装

疏散标志灯、应急照明灯具的安装方法与要求：

（1）疏散照明一般由安全出口标志灯与疏散标志灯组成。安全出口标志灯距地高度一般不低于 2m，并且常安装在疏散出口、楼梯口里侧的上方。

（2）疏散标志灯安装在安全出口的顶部，楼梯间、疏散走道与其转角处，一般安装在 1m 以下的墙面上。

（3）疏散标志灯的设置，不影响正常通行，以及其周围没有容易混淆的其他标志牌等。

（4）疏散照明线路采用耐火电线、电缆，穿管明敷或在非燃烧体内穿刚性导管暗敷，暗敷保护层厚度不小于 30mm。

（5）疏散照明线路电线采用额定电压不低于 750V 的铜芯绝缘电线。

（6）疏散照明可以采用荧光灯。

（7）安全出口标志灯与疏散标志灯装有玻璃或非燃材料的保护罩，面板亮度均匀度为 1：10（最低：最高），保护罩应完整、没有裂纹。

（8）应急照明在正常电源断电后，电源转换时间为：疏散照明不大于 15s、备用照明不大于 15s、安全照明不大于 0.5s。

（9）应急照明灯具、运行中温度大于 60℃的灯具，如果靠近可燃物时，需要采取隔热、散热等防火措施。

（10）应急照明灯具采用白炽灯等光源时，不能够直接安装在可燃装修材料或可燃物件上。

（11）应急照明线路在每个防火分区有独立的应急照明回路，穿越不同防火分区的线路有防火隔堵措施。

疏散标志灯、应急照明灯的安装方式见表 3-15。

表 3-15　　　　　　　　疏散标志灯、应急照明灯的安装方式

安装方式	图例	安装方式	图例
双面吊式		单面嵌入式	
双面侧装式		四面吊式	
单面背挂式			

3.119 庭院灯的安装

庭院灯如图 3-196 所示。庭院灯的安装方法与要求：

（1）庭院灯的自动通、断电源控制装置动作需要准确，每套灯具的熔断器盒内熔丝齐全，以及规格与灯具相适配。

（2）每套灯具的导电部分对地绝缘电阻需要大于 $2M\Omega$。

（3）金属立柱与灯具需要接地或接零可靠。

（4）立柱式路灯、落地式路灯、特种园艺灯等灯具需要与基础固定可靠，地脚螺栓螺母齐全。

（5）架空线路电杆上的路灯，需要固定可靠，紧固件齐全，灯位正确。每套灯具需要配有熔断器保护。

图 3-196　庭院灯

3.120 水中照明灯的安装

水中照明灯的安装方法与要求见表 3-16。

表 3-16　　　　　　　　　水中照明灯安装的方法与要求

类型	图解
方式一	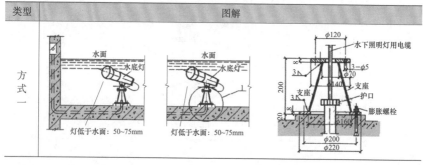

续表

类型	图解
方式二	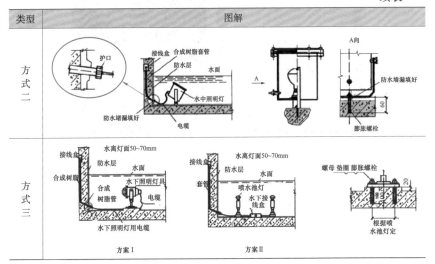
方式三	方案 I　　　　　方案 II

3.121 灯具正误安装对照

灯具正误安装对照见表 3-17。

表 3-17　　　　　　　　　　　灯具正误安装对照

安装正误	图例	安装正误	图例
误		正	
误		正	

3.122 普通座式灯头安装

普通座式灯头如图 3-197 所示。

图 3–197　普通座式灯头

普通座式灯头安装方法：

（1）将电源线留足维修长度后剪除余线并剥出线头。

（2）区分相线、中性线，对于螺口灯座中心簧片应接相线。

（3）用连接螺钉将灯座安装在接线盒上。

3.123 等电位联结

通过进线配电箱近旁的总等电位联结端子板，可以将进线配电箱的 PE（PEN）母排、公共设施的金属管道、建筑物的金属结构、人工接地的接地引线等互相连通，以达到降低建筑物内间接触电击的接触电压与不同金属部件间的电位差，从而消除自建筑物外经电气线路、各种金属管道引入的危险故障电压的危害，这就是等电位联结（见图 3–198）。

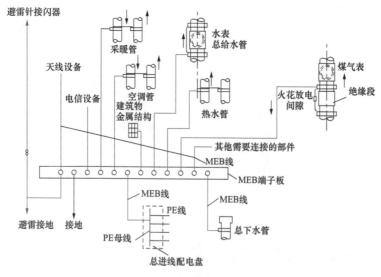

图 3–198　等电位联结

将导电部分用导线直接作等电位联结，使故障接触电压降到接触电压限值以下，这就是辅助等电位联结。

需要在一个局部场所范围内作多个辅助等电位联结时，可以通过局部等电位联结端子板将 PE 母线、PE 干线、公共设施的金属管道、建筑物金属结构等部分互相连通，以实现该局部范围内的多个辅助等电位联结，这就是局部等电位联结。

3.124 电源导线与燃气管道间的距离

燃气管必须走明管，不能封死。如果需要移管必须由燃气公司进行操作。电线管、热水管、燃气管相互间需要保持一定距离，不得紧靠，见图 3-199。

电线管与燃气管平行距离大于300mm

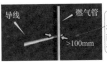
导线　燃气管
>100mm

燃气管道与电源导线、电气开关间应有足够的距离，与导线的距离在同一平面的应大于100mm，在不同平面的应大于50mm，与电气开关的距离应大于150mm

禁忌电线管与燃气管用电线绑在一起

图 3-199　燃气管道与电源导线间的距离

3.125 PVC 管的切断

家装中电线敷设大多采用 PVC 管，如图 3-200 所示。配管前，需要根据管子每段所需的长度进行切断。切断 PVC 管可以使用钢锯条锯断，也可以采用专用剪管刀剪断。在预制时，还可以使用砂轮切割机成捆切断。无论是用哪种方法，都需要一切到底，并且切口需要垂直，不得有毛刺。另外，禁止用手来回折断 PVC 管。

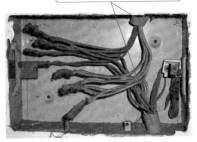
过去一般选择的是波纹塑料管。现在一般选择的是PVC线管

禁止电线直接穿墙壁。需要采用PVC管进行保护

图 3-200　PVC 管的应用

3.126 PVC 管的弯制

PVC 管的弯制要求与特点如图 3-201 所示。

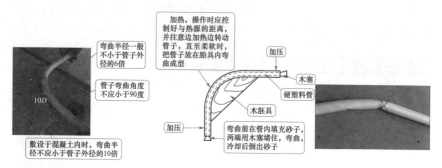

图 3-201 PVC 电线管弯制的要求与特点

PVC 管可以用专门的 PVC 弯管弹簧来弯制。实际应用中，PVC 弯管弹簧往往用一根相应大小的绳子拴住，然后插入 PVC 管内部需要弯曲的地方，两手分别握住弯曲处弹簧两端，膝盖顶住被弯曲处略微移动，双手均匀用力，煨到比所需角度略小，待松手后弹簧回弹，即可获得所需角度。弯制后，即可把 PVC 管弹簧拉出来。当弯制较长的 PVC 管时，弹簧不易取出，则在弯管完成后，逆时针转动弹簧，使之外径收缩，同时往外拉即可取出弹簧。

3.127 PVC 管的连接

PVC 管一般采用套管连接，连接管管端 1~2 外径长的地方需要清理干净，然后涂上 PVC 胶水，再插入套管内到套管中心处，然后两根管对口紧密，并且保持一定时间使之粘接牢固，见图 3-202。

图 3-202 PVC 管涂上 PVC 胶水与连接

PVC 管连接的套管可以采用成品套管接头，也可以采用大一号的 PVC 管来加工。自制套管的要点：将规格大一号的 PVC 管根据被连接管的 3~4 倍外径长切断，用来做套管的 PVC 管其内径需要与被连接管的外径配合紧密无缝隙。

3.128 线管的敷设

PVC 管安装要求如图 3-203 所示，强电、弱电的间距如 3-204 所示。

线槽要垂直，不得倾斜。少开横槽，多开竖槽

图 3-203　PVC 管安装要求图例

强弱电线间距在50cm以上，如果达不到可用频蔽线隔离电磁波，电视和电话线严禁出现接头，并要单独穿管

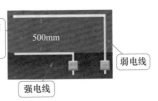

图 3-204　强电、弱电的间距

线槽管路敷设的要求：

（1）一般管路需要严格根据设计布管，沿最近的方向敷设，并且走向顺直少弯曲。

（2）PVC 管子敷设连接需要紧密，管子切断断口需要光滑，保护层大于 15mm，箱盒设置需要正确，固定要可靠。管进箱盒处需要顺直，管在箱盒内露出的长度需要小于 5mm。

（3）PVC 管路穿过变形缝有补偿装置，补偿装置需要能活动自如。

（4）PVC 管路穿过建筑物基础与设备基础处需要加套管保护。套管的管径不能过大，被连接的管要对紧在套管间。

（5）暗配管的弯取半径不应小于管外径的 10 倍；弯曲处不应有折皱、凹陷、裂缝，以及弯扁程度不应大于 $0.1D$。

（6）需要选用优质 PVC 管，需要弯曲处，需要采用正确的方法进行弯曲。

（7）管子进盒处需要用锁母锁好，见图 3-205。如果被踩脱落或断开，则锁母下需要塞垫块。

（8）PVC 管路，需要防止与避免钉子扎破。

（9）板内严禁三层管交叉重叠。

（10）平行的两根 PVC 管间距需要大于 5cm。

（11）板内 PVC 管间的交叉角必须大于 45°。

穿线时接线的部位与分线的部位要用到
接线盒，铁质和PVC的接线盒是最常见的
接线盒，铁质接线盒主要靠锁母与铁方盒
固定，PVC接线盒要用PVC锁母固定

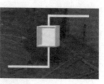

图 3-205　管子进盒处需要用锁母锁好

（12）同一根 PVC 管与另两根交叉的间距必须大于 20D。

（13）如果根据直线布管不能满足要求，则布管可以适当绕行。

（14）PVC 管路固定点的间距为不大于 1m，距端头、弯曲中点不大于 0.5m。

（15）PVC 管内电线需要处于宽松状态。

（16）PVC 电线管内不得有接头。

（17）普通插座的安装高度为 0.3m，对从楼板弯起到插座的 PVC 弯管，也可以根据固定长度进行预先弯制。

（18）灯开关盒的安装高度一般为 1.4m，对从开关盒引上到楼板的 PVC 管，可以将整管根据其长度切割成短管。

（19）下列情况之一需要在中间加一个过线盒：

1）管路无弯曲，管长每超过 30m；

2）管路有一个弯曲，管长每超过 20m；

3）管路有两个弯曲，管长每超过 15m；

4）管路有三个弯曲，管长每超过 8m。

（20）强电线管走墙，弱电线管走地（或者地面强、弱电线管走地，但需要分开 300mm 以上）。线槽需要横平竖直，强弱电不能穿入同一根管内。

3.129　电线管预埋工艺流程

电线管预埋工艺流程如图 3-206 所示。

图 3-206　楼板预埋、剪力墙预埋电线管的预埋工艺流程

3.130 家装强电走线方式

家装强电走线方式有上走线（电线走顶）、下走线等，见图 3-207。电线在需要吊顶的空间尽量走顶，不需要开槽，这样有利于维修与安装，但是，需要把电线套在 PVC 管里。

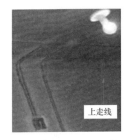
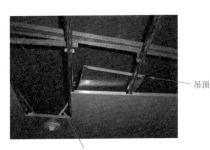

图 3-207　家装强电走线方式

3.131 线管封槽

线管封槽就是把为了把埋装电线管的槽子用水泥糊起来，并且使水泥可以与本来的墙体 / 地面契合在一起（见图 3-208）。如果可以不封槽利用泥土作业也可以，如图 3-209 所示。

图 3-208　线管封槽图例　　图 3-209　如果可以不封槽利用泥工作业覆盖也可以

线管封槽时，需要先对槽内清洁，再把槽子用水打湿，然后用水泥糊上。如果面积比较大，则等第 1 次水泥糊上略干后，再糊一次。

3.132 硬母线安装支架与拉紧装置的制作安装

配电柜内安装母线，有关安全距离需要符合要求。放线测量出各段母线加工尺寸、支架尺寸，并且划出支架安装距离与剔洞或固定件安装的位置。

10kV 以下矩形母线安装中母线支架可以用 50mm × 50mm × 5mm 角钢制作，膨胀螺栓固定在墙上，见图 3-210。

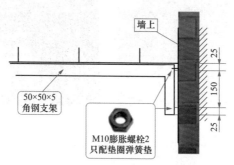

图 3-210 膨胀螺栓固定在墙上

3.133 硬母线安装支架与拉紧装置的工艺流程与母线的加工

10kV 以下矩形母线安装工艺流程：放线测量→支架及拉紧装置制作安装→绝缘子安装→母线的加工→母线的连接→母线安装→母线涂色刷油→检查送电，见图 3-211、图 3-212。

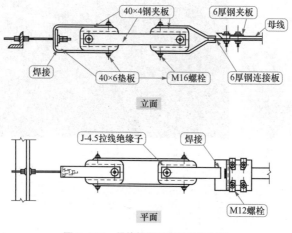

图 3-211 母线拉紧装置的制作组装

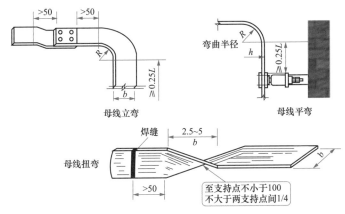

图 3-212 母线平弯、立弯的弯曲

10kV 以下矩形母线安装中母线的加工要求如下：

（1）母线切断，可以使用手锯或砂轮锯作业，不得用电弧或乙炔进行切断。

（2）手工调直时，需要采用木锤，并且下面垫道木进行作业，不得用铁锤。

（3）母线调直可以采用母带调直器进行。

（4）母线的弯曲需要采用专用工具（母线煨弯器）冷煨，弯曲处不得有裂纹、显著的皱折。也不得进行热弯。

（5）母线扭弯、扭转部分的长度不得小于母线宽度的 2.5~5 倍。

（6）母线平弯、立弯的弯曲半径不得小于有关的规定。

第 4 章

上岗技能快上手

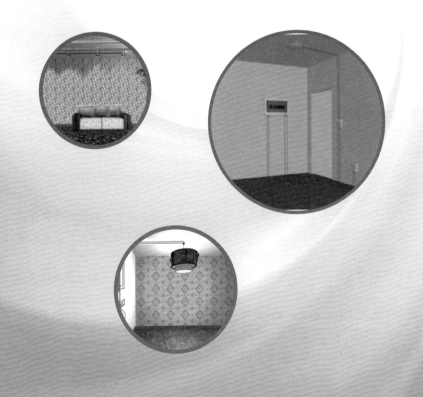

▶ 4.1 ⸭ 家装临时用电

4.1.1 家装临时用电的有关注意事项

家装临时用电主要涉及临时用电的引入与使用，具体包括临时用电从哪里引入，引入到家装场地哪个位置与哪个设备上，怎样正确安全使用临时用电，有关临时用电设备的选择安装使用情况等。

家装临时用电的要求与注意事项：

（1）家装临时用电对用电的安全，需要更高的要求，尤其是使用水、电的场所。

（2）家装施工现场内不得架设裸导线，以及绝缘层破坏的电线。

（3）各种用电线路禁止敷设在脚手架上。

（4）各种用电线路不得随意拖拉在地面上。

（5）各种绝缘导线的绑扎不得使用裸导线。

（6）每支路的始端需要装设断路开关与有效的短路、过载保护。

（7）暂时停用的线路需要及时切断电源。工程竣工后，临时用电应随时拆除。

（8）临时用电需要采用临电配电箱，电源进线端严禁采用插头与插座做活动连接。

（9）临时用电需要考虑电动工具用电与照明用电，并且需要计算负荷。

（10）移动式电动工具、手持式电动工具通电前，需要作好保护接地，也就是必须采用接地的插座。

（11）移动式电动工具、手持式电动工具需要加装单独的电源开关与保护器，不得1台开关接2台及2台以上电动设备。

（12）移动式电动工具、手持式电动工具需要采用插座连接时，其插座、插头应无损伤、无裂纹，并且绝缘良好。

（13）移动式电动工具与手持式电动工具的电源线，需要采用铜芯多股像套软电缆或聚氯乙烯护套软电缆。电缆需要避开热源，以及不得随意拖拉在地。如果不能满足上述要求时，则需要采取防止重物压坏电缆等措施。

（14）移动式电动工具与手持式电动工具需要移动时，不得手提电源线或转动部分。

（15）临时用电现场需要注意电器防火。

（16）照明用电与其他要求需要遵守有关国家、地方、物业规范或者要求。

（17）家装临时用电没有公装临时用电那么复杂、严格，但是也需要认真严格执行（见图4-1）。

图 4-1　家装临时用电也要经过用电计量仪表

临时用电需要考虑电动工具用电与照明用电，并且需要计算负荷。负荷计算公式为

$$P=1.1\,(\,K_1\sum P_1+K_2\sum P_2\,)$$

式中　P——总用电量；

　　　P_1——全部动力施工用电量总和；

　　　P_2——室内照明用电量总和；

　　　K_1——动力用电系数（10 台内：0.75，10~30 台：0.7）；

　　　K_2——室内照明用电系数，一般为 0.8。

然后由总负荷计算出总电流即可。

家装临时用电配电箱与电路如图 4-2 所示。

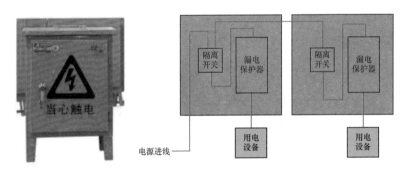

图 4-2　家装临时用电配电箱与电路

家装常用电动工具与设备的额定功率见表 4-1。

表 4-1　　　　　　　　家装常用电动工具与设备的额定功率

机械或设备名称	额定功率（kW）
交流电弧焊机	21
空气压缩机	3

续表

机械或设备名称	额定功率（kW）
型材切割机	1.3
砂轮切割机	2.2
手提切割机	0.4
磨光机	0.67
手电钻	0.7
电动螺钉枪	1.11
照明灯	0.1
多功能家用两用手电钻	0.8
水电开槽机	1.5

4.1.2　临时用电的电源接入

许多房屋建筑在建设时就安置了配电箱，为区别装修时重新设计、安装的配电箱，该配电箱称为原配电箱。临时用电的配电箱称为临时用电配电箱，简称临电配电箱。因此，临电配电箱的电源从原配电箱电源线接入。原配电箱根据实际情况，保留或者去掉。

临电配电箱接入的电源线，需要穿PVC管保护（见图4-3）。

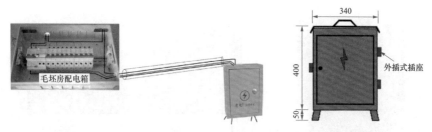

图 4-3　临电配电箱与其电源的接入

4.1.3　临时照明

家装强电施工临时照明的特点与要求：

（1）照明灯具与器材必须符合现行有关标准的规定。

（2）照明线路需要布设整齐，相对固定。

（3）对有火灾危险的场所，必须安装与危险场所等级相适应的照明器。

（4）照明器具与器材的品质需要合格，不得使用绝缘老化、破损的器具与器材。

（5）照明电源线路不得接触潮湿地面，以及不得接近热源与直接绑挂在金属构架上。

（6）在脚手架上安装临时照明时，在竹木脚手架上需要加绝缘子。在金属脚手架上需要设木横担与绝缘子。

（7）照明开关需要控制相线。当采用螺口灯头时，相线需要接在中心触头上。

（8）照明灯具与易燃物间，需要保持一定的安全距离，普通灯具不宜小于300mm。当间距不够时，应采取隔热措施。

临时照明相关图例如图 4-4 所示。

图 4-4　临时照明相关图例

4.2　电能表箱到强电配电箱间的连接

家庭用电电能表箱到强电配电箱间的连接一般采用电线连接。如果输电导线越粗，则允许通过的最大电流就越大。

现在家庭电路中使用的用电器越来越多，意味着总功率 P 也越来越大，而家庭电路中电压 U 是一定的（即固定为 220V）。因此，根据 $I=P/U$ 可得，总功率 P 越大总电流 I 也就越大。如果电能表箱到强电配电箱间的连接电线太细，则可能会引起火灾等事故。铜芯线电流密度一般环境下可取 $4\sim5A/mm^2$。

因此，家庭现在所用电器、新添电器以及以后添加电器的功率变大，则线路电流也会变大。进户线需要根据用户用电量、考虑今后发展的可能性选择。为此，家装时需要早布设大规格的电能表与粗一些的进户线。

有的房屋在建设时，已经把家庭用电电能表箱到强电配电箱间用电线连接好了，如果位置适合、电线适合，则不需要另外布线了，采用原线路即可。如果不适合，则需要重新布线。

电能表箱如图 4-5 所示，电能表箱中的断路器如图 4-6 所示。

图 4-5　电能表箱　　　图 4-6　电能表箱中的断路器

12 只表表箱系统图如图 4-7 所示。

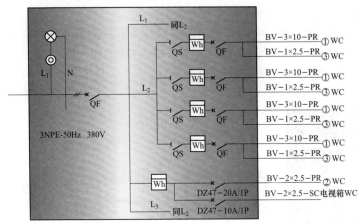

图 4-7　12 只表表箱系统图

以前，家装根据每平方米建筑面积 25W 标准设计供电设施，两居室的用电量不超过 1400W，三居室不超过 1700W。现在，一般两居室用电负荷可以达到 4000W，进户铜电线截面不得小于 10m²。如果电热设备多的用户，则需要根据 6~12kW/ 户来选择，则进户铜电线截面不得小于 16m²。

也可以根据下面参数进行参考选择：

用户用电量为 4~5kW，电能表为 5（20）A，则进户线可以选择 BV-3 × 10mm²。

用户用电量 6~8kW，电能为 15（60）A，则进户线为可以选择 BV-3 × 16mm²。

用户用电量为 10kW，电能表为 20（80）A，则进户线为可以选择 BV-2 × 25+1 × 16。

电能表箱分布如图 4-8 所示。

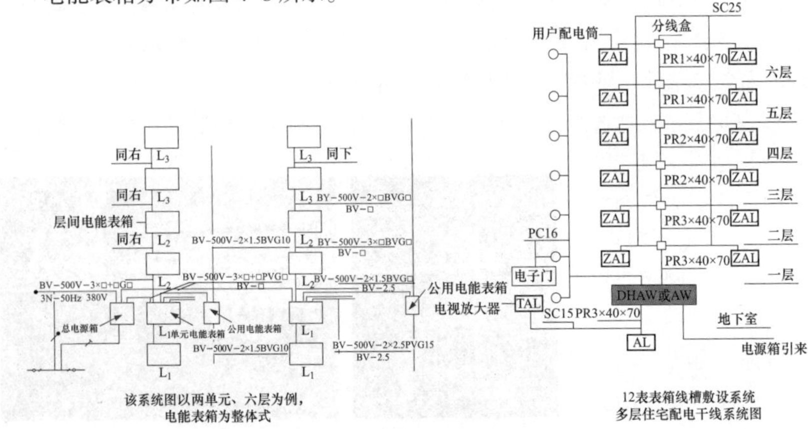

图 4-8　电能表箱分布

4.3 强电配电箱的安装及施工

4.3.1 箱体的安装

　　强电施工安装强电配电箱箱体前，先确定强电配电箱的安装点，见图 4-9。有的距离地面 35cm 左右，有的距离地面 1.3、1.8m 左右等不同安装高度。当箱体高 50cm 以下，配电箱垂直度允许偏差 1.5mm。箱体高 50cm 以上，配电箱垂直度允许偏差 3mm。强电配电箱多数采用嵌入式安装。

  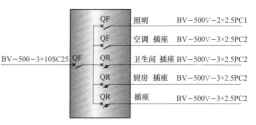

图 4-9　强配电箱安装位置与其内部结构特点

　　强电配电箱的安装点确定后，需要根据强配电箱的大小开孔，以及准备好配线导线、配线扎带等。

4.3.2 导轨与强配电箱箱体内断路器的安装

　　强电配电箱的开孔完成后，固定好箱体。要安装导轨的安装好箱内导轨，导轨安装要水平，见图 4-10。

　　空气空气开关，又称空气开关，简称空开，安装时，先要注意箱盖上空气开关安装孔的位置，确保空气开关可以位于箱盖预留的位置。空气开关安装时，一般从左到右排列。空气开关预留的空位需要是空气开关安装宽度的整数倍数，见图 4-11。

　　家用空气开关需要安装在进户电能表或总开关后。如果仅对某用电器进行保护与控制，则可以安装在用电器具本体上作为电源开关，或该电器具的电源来处（如插座），作为保护开关。

箱体内导轨安装

导轨安装要水平

图 4-10　箱内导轨的安装

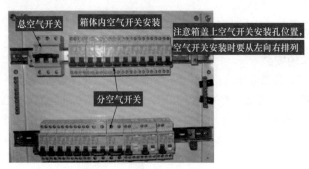

图 4-11　箱体内断路器的安装

家用总断路器（总开关）一般选择 2P 的即可。

4.3.3　强电配电箱配线与引线

箱体内断路器安装好后可以进行箱体内配线。配线前，需要明确不同颜色导线的含义，正确选择导线截面。

（1）家装强电导线的中性线颜色一般为蓝色的，相线一般为红色。

（2）家装照明、插座回路一般采用 2.5mm² 电线，每根电线所串联断路器数量不得大于 3 个。照明支路需要使用至少 1.5mm² 的线。

（3）家装空调回路，3P 以下的空调需要使用至少 4mm² 的线，3P 及以上的至少需要使用 6mm² 的线，并且一根导线需要配一个断路器。

（4）家装厨房需要使用至少 4mm² 的线。

（5）卫生间需要使用至少 4mm² 的线。

（6）家装电热水器需要使用至少 6mm² 的线。

（7）有特殊要求的电器需要根据实际功率使用相应大小的线。一般根据 1mm² 的电线大约可以带 4~6A 的电流来估算。

（8）家装强配电箱内部断路器间的连接线必须同大小，颜色分开，导线规格具体需要根据实际负荷来选择。

（9）地线需要采用黄绿双色线。

（10）箱内需要具有保护地线（P 线）汇流排，保护地线经汇流排配出。一些公装强配电箱还有中性线（N）汇流排。

（11）断路器连接导线的截面也需要考虑托扣器额定电流。

箱体内断路器配线安装的要求如下：

（1）箱体内总断路器与各分断路器间配线一般走左边，配电箱出线一般走右则。

（2）配电箱内配线要整齐，无绞接现象。导线连接要紧密，不伤芯线，不断股等现象。

（3）防松垫圈等零件要齐全，导线连接需要紧密。

（4）装有电器的可开金属门，门与框架的接地端子间需要用裸编织铜线连接，以及有标识。如果是塑料门，则就不需要连接接地线了。

（5）配电箱内需要将整个电路的地线连接好，并且不要将地线与中性线混接在一起。

（6）有的断路器产品上标有N极、L极，接线时需要将电源的中性线接在漏电断路器的N极上，相线接在L极上。

（7）导线弯曲需要一致，不得有死弯，以免损坏导线绝缘皮、内部铜芯等情况，如图4-12所示。扎带扎好后，不用的部分可以用钳子剪掉。

箱内配线如图4-13所示。

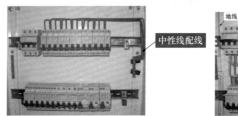
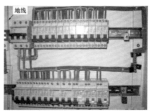

图 4-12　导线弯曲需要一致　　　　　图 4-13　箱内配线

4.3.4　硬塑料管与其他配电箱的安装

硬塑料管与其他配电箱的安装如图4-14所示。

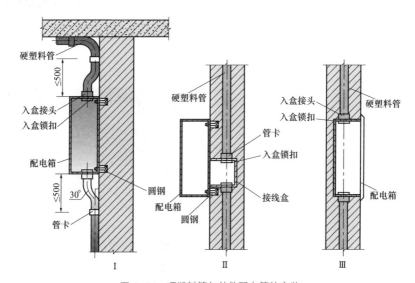

图 4-14　硬塑料管与其他配电箱的安装

4.3.5 强电配电箱断路器的安装

强电配电箱断路器的安装见表 4-2。

表 4-2   强电配电箱断路器的安装

类型	特点	图例
一房一厅经济型强电配电箱断路器的安装	一房一厅经济型强电配电箱可以选择 8 回路的配电箱	
二房一厅经济型强电配电箱断路器的安装	经济型二房一厅强电配电箱可以选择 12 路配电箱。有的经济型二房一厅强电配电箱有的箱体开孔尺寸为 230mm × 300mm,盖板尺寸 250mm × 320mm。强电配电箱内部配置的断路器为 3 个 DPN16A 断路器、3 个 DPN20A 断路器、1 个 DPNP25A 断路器、1 个 2P40A 漏电断路器	
二房一厅安逸型强电配电箱断路器的安装	安逸型二房一厅强电配电箱可以选择 12 路配电箱。有的箱体开孔尺寸为 230mm × 300mm,盖板尺寸为 250mm × 320mm。强电配电箱内部配置的断路器为 3 个 DPN16A 断路器、4 个 DPN20A 断路器、1 个 DPNP25A 断路器、1 个 2P40A 漏电断路器、1 个 2P40A 一体化漏电保护器	

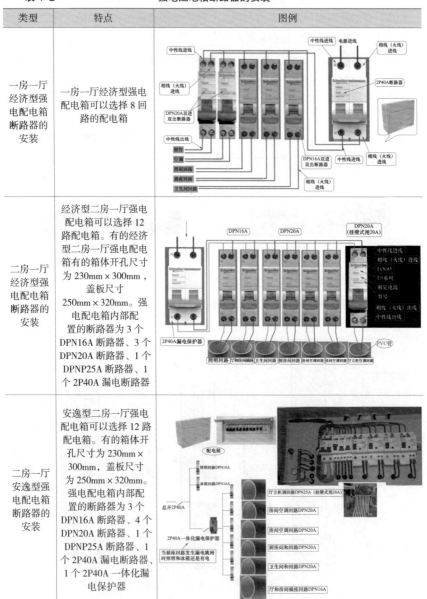

续表

类型	特点	图例
三房一厅安逸型强电配电箱断路器的安装	安逸型三房一厅强电配电箱可以选择 16 路配电箱。有的箱体开孔尺寸为 230mm×375mm，盖板尺寸 250mm×395mm。强电配电箱内部配置的断路器为 5 个 DPN16A 断路器、5 个 DPN20A 断路器、1 个 DPNP25A 带漏电断路器、1 个 DPN40A 带漏电保护器、1 个 2P63A 断路器	
三房一厅经济型强电配电箱断路器的安装	三房一厅经济型强电配电箱可以选择 12 路配电箱。有的箱体开孔尺寸为 230mm×375mm，盖板尺寸 250mm×395mm。强电配电箱内部配置的保护器为 5 个 DPN16A、6 个 DPN20A、1 个 DPNP25A、1 个 2P63A	

▶ 4.4 插座的现场安装与应用

插座的现场安装前，需要了解插座同一回路插座接线方案。如果插座间串联，需要插座接线孔能够安装下 2 根电线，也就是需要选择大口径安装孔的插座。如果插座接线孔不能够安装 2 根，则可以额外再采用一根线连接，见图 4-15、图 4-16。另外，也可以采用插座间并联接线方案。

插座间并联，则需要增加接线盒，实现连接。也就是插座支线与电线主干线的连接需要在接线盒中完成。

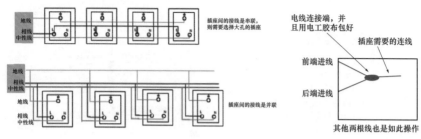

图 4-15 插座接线方案 图 4-16 额外再采用一根线连接

插座间串联、并联方案在实际中的体现如图 4-17、图 4-18 所示。

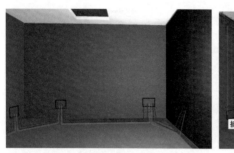

图 4-17 插座间串联方案 图 4-18 插座间并联方案

4.5 厨房、卫生间等电位的施工

在厨房、卫生间地面或墙内暗敷不小于 25mm×4mm 镀锌扁钢构成环状电位联结网的要求：

（1）地面内钢筋网需要与等电位连接线连通。

（2）厨房、卫生间内金属地漏、下水管等设备通过等电位联结线与扁钢环连通。

（3）连接时抱箍与管道接触处的接触表面需要刮拭干净。安装完成后，需要刷防护漆。

（4）抱箍内径等于管道外径，抱箍大小需要根据管道大小而决定。

（5）等电位联结线需要采用截面不小于 25mm×4mm 的镀锌扁钢。

厨房、卫生间等电位联结图例如图 4-19 所示。

4.6 游泳池等电位的施工

游泳池等电位的施工要求（见图 4-20）：

（1）在游泳池内便于检测的地方设置局部等电位端子板，金属地漏、金属管等设备需要通过等电位联结与等电位端子板连通。

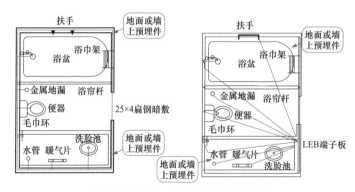

图 4-19　厨房、卫生间等电位联结图例

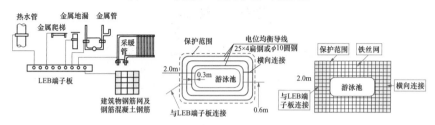

图 4-20　游泳池等电位的施工要求与特点

（2）如果室内原来设计没有 PE 线，则不需要引入 PE 线，则将装置外可导电部分相互连接即可。因此，室内也不需要采用金属穿线管或金属护套电缆。

（3）游泳池边地面下没有钢筋时，需要敷设电位均衡导线，间距一般约为 0.6m，最少要有两处作横向连接。

（4）如果在地面下敷设采暖管线，电位均衡导线需要位于采暖管线上方。电位均衡导线也可以敷设网格为 150mm×150mm，$\phi 3$ 的铁丝网，相邻铁丝网间需要相互焊接。

▶ 4.7 ▏放样

放样就是根据图样上的内容与设计，在墙上用粉笔画好开关、插座，以及所有水龙头的位置和线管的布局地址，需要时用粉笔标出相应符号、简单文字等（见图 4-21）。

图 4-21　放样实例

▷ 4.8 布线与布管

　　布管就是根据电线走向安排电线管的安装与敷设。布线就为实现电气要求进行线路的安装与敷设，并且电线需要放入电线管中。

　　强电电线管一般采用红色 PVC 管，弱电电线管一般采用蓝色 PVC 管。

　　根据实际经验，如果布管、布线时，能够结合最终效果的情况来进行，则布管、布线一般可行性较高、正确率较高。

　　强电电线管的选择如图 4-22 所示，电线管的安装如图 4-23 所示。

蓝色管为弱电管，红线管为强电管

图 4-22　强电电线管的选择

图 4-23　电线管的安装

4.9 单控一开触摸开关的安装

触摸开关广泛应用于酒店、酒店式公寓、宾馆、会所、别墅、KTV 包房等。标准 86 式墙壁触摸开关一般不需要接中性线，不需对原灯具改动即可直接替换原有的墙壁 86 式开关。

单控一开触摸开关连线又称单回路触摸开关连线，其连接方法如图 4-24 所示。另外，也有 120 式墙壁触摸开关的单控一开触摸开关。

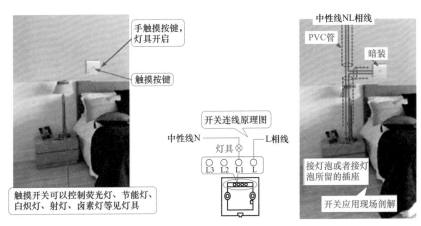

图 4-24　单控一开触摸开关连线方法

[1] 阳鸿钧, 等 . 家装电工现场通［M］.北京:中国电力出版社, 2014.

[2] 阳鸿钧, 等 .电动工具使用与维修960问［M］.北京：机械工业出版社, 2013.

[3] 阳鸿钧, 等 .装修水电工看图学招全能通［M］.北京：机械工业出版社, 2014.

[4] 阳鸿钧, 等 .水电工技能全程图解［M］.北京：中国电力出版社, 2014.

[5] 阳鸿钧, 等 .家装水电工技能速成一点通［M］.北京：机械工业出版社, 2016.

[6] 阳鸿钧, 等 .装修水电技能速通速用很简单［M］.北京：机械工业出版社, 2016.

PREFACE

　　家是人们生活的港湾，安全、健康、美满的家居离不开好的家装。本书以全彩图文精讲的方式介绍了家装强电基础知识、必备技能、施工技巧和实战心得，帮助读者打下扎实的理论基础，掌握现场施工技巧，精通强电技能，了解细节，培养灵活应用的变通能力。

　　本书共分 4 章：

　　第 1 章介绍了强电基础知识，主要包括电与电路、电流、单相和三相交流电、安全电压等知识。

　　第 2 章介绍了工具与电器，主要包括螺钉旋具、试电笔、尖嘴钳、美工刀、锤子、梯子、管钳等工具以及常见电器的知识与技能。

　　第 3 章介绍了施工安装技能，主要包括开关、插座的安装，布管及导线绝缘层的剥除，燃气热水器和灯具的安装等知识与技能。

　　第 4 章介绍了上岗实战技能，主要包括临时用电、临时照明、强电配电箱的安装、放样等知识与技能。

　　需要注意的是，虽然不同水电产品的具体操作有一定的相通性，但是也可能存在差异。因此，选择不同的产品时，需要具体了解其与其他同类产品操作与安装方法的异同。

本书编写过程中，得到了许多同志的支持和帮助，参考了相关技术资料、技术白皮书和一些厂家的产品资料，在此向提供帮助的朋友们、资料文献的作者和机构表示由衷的感谢和敬意！

由于编者的经验和水平有限，书中存在不足之处，敬请读者不吝批评指正。为更好的服务读者，凡有关内容支持、购书咨询、合作探讨等事宜，可发邮件至 suidagk@163.com。

编者

2017 年 4 月

CONTENTS

轻松搞定家装强电施工 · 目录